皖西特色声乐曲选集

WANXI TESE SHENGYUEQU XUANJI

主　编　赵　敏
副主编　王光启
顾　问　何　颖
　　　　孔　敏
　　　　刘　鑫

参编人员
韩　莉　刘之阳　刘继平
张成永　邓启亮　沈炳毅

安徽师范大学出版社
·芜湖·

责任编辑：桑国磊
装帧设计：桑国磊
责任印制：郭行洲

图书在版编目(CIP)数据

皖西特色声乐曲选集 / 赵敏主编. — 芜湖：安徽师范大学出版社, 2015.8
ISBN 978-7-5676-1993-7
Ⅰ.①皖… Ⅱ.①赵… Ⅲ.①民歌－歌曲－安徽省－选集 Ⅳ.①J642.225.4
中国版本图书馆CIP数据核字(2015)第116020号

皖西特色声乐曲选集
赵敏 主编

出版发行：安徽师范大学出版社
芜湖市九华南路189号安徽师范大学花津校区 邮政编码：241002
网 址：http://www.ahnupress.com/
发 行 部：0553-3883578 5910327 5910310(传真) E-mail：asdcbsfxb@126.com
印 刷：虎彩印艺股份有限公司
版 次：2015年8月第1版
印 次：2015年8月第1次印刷
规 格：787×1092 1/16
印 张：8.5
字 数：176千
书 号：ISBN 978-7-5676-1993-7
定 价：20.00元

编者说明

地方高校往往是一个地方的文化中心，有着独特的区域文化背景，承担着服务地方社会的功能。正确认识地方音乐的非物质文化遗产价值，充分利用地方音乐非物质文化遗产资源，努力发挥其社会功能，应该是地方高校音乐工作者义不容辞的社会责任。

皖西学院作为六安地区的“安徽省示范应用型本科高校”，是皖西文化教育中心，有着独特的地域文化背景。皖西学院及其周边高校作为知识传承与创新基地，应当关注该地区优秀传统文化的可持续发展。民歌在皖西地区蕴藏丰富，是安徽西部地区传统音乐的代表，它以其突出的文化属性鹤立于诸音乐体裁之中。皖西的民歌风格独特、韵味浓郁，极具地域特色，2008年即被列入国家级非物质文化遗产。但随着社会的发展，生产方式的转变，城市化的推进，传统的皖西民歌演唱主体渐渐流失，民歌本身也处在濒临消失的危险境地。皖西民歌这座艺术宝库亟待人们去挖掘，去系统地搜集整理，赋予它鲜活的生命力，让更多的人们知晓它、喜爱它、传唱它，继而得以发扬光大。

关注皖西民歌的保护、抢救、研究、传播，在人才培训、智能参与、信息传播和知识创新，探究高校声乐教学与皖西民歌二者的契合点，皖西学院应当在以上方面发挥积极重要的作用。笔者认为，高校声乐教学传承与发展皖西民歌可采用建立“皖西民歌特色声乐教学”的方法，使高校声乐教学内容因皖西民歌的融入而充实和丰富，皖西民歌因高校声乐教学的选择、采用而得以传承和发展。

鉴于以上认识，笔者积极收集整理皖西民歌有关素材，对皖西民歌的传唱曲目、风格特征，以及作品所反映的地域文化风情等进行深入细致地分析、整理，在此基础上建立了校本教材，希望对传承与发展皖西民歌起到一定的作用。

当然，强调传承与发展本土音乐文化，并不意味着拒绝多元文化成果，回到原始落后的演唱方式中去。如果仅有对传统的继承，而无一定的创新，绝不可能获得有价值的成果，所以，本教材在作品中除了选择一些具有代表性的皖西民歌和皖西庐剧唱段（乐谱选自皖西庐剧艺术研究协会所编选的《西路庐剧经典唱腔选》手抄本，在此向各位艺术家表达深深的感谢和敬意）外，还选编了近些年各地音乐工作者新创作的一些歌颂皖西山水景物、人文景观的一些作品（在此对作者方友根、王光启、吴怀强、陈兆权、管亚伟、梁柱、魏艺、朱多良、余小明、胡耀武等诸位前辈致以诚挚的感谢），以及皖西周边地区流传较广的一些代表性民歌作品。这些地区既包括安徽本省区域，也涵盖了毗邻的河南信阳以及湖北黄冈等地。希望通过本教材的使用能使学生开阔视野，感受民歌的多种风格。

本教材按区域特点，选择贴近生活实际、易于师生接受的地方音乐作品，根据声乐演唱的音域规律以及民歌题材与体裁的多样性，本着继承与创新的理念，尊重多元文化的思想，凸显地方特色、弘扬民族精神的初衷，主要分为五个部分：一、皖西高腔山歌；二、皖西平腔山歌；三、皖西号子；四、皖西小调；五、皖西庐剧唱腔选段；六、皖西新创编歌曲；七、皖西周边地区代表性民歌。

本教材力图展现浓郁的乡土气息、鲜明的皖西色彩，以及作品独特的词曲技法，期望通过科学唱法与优秀的传统地方语言相结合，丰富皖西民歌的演唱技巧，推动地方音乐文化与国际音乐文化接轨，继承传统，不断创新，实现“教学—理论—研究”相结合，加深学生对本土音乐文化的认识。通过以上努力，期待把皖西民歌通过教学进行互动交流及辐射传播，用多种形式来传承与发展皖西民歌，展示地方音乐蓬勃的生命力。

本教材适用于地方高校音乐学专业本科、专科教学，地方高校的公共音乐欣赏教学，社会音乐团体及民间音乐爱好者学术研究，演出单位、社会团体的演唱曲目选择等。

本教材已获皖西学院2014年度“本科教学工程”立项建设，项目编号为2014tc02，也是安徽省高校人文社会科学研究重点项目：文化大繁荣背景下皖西民歌的传承与创新研究（SK2014A422）、六安市委宣传部2013年委托项目：皖西文化艺术传承创新研究，以及皖西学院科技创新平台“皖西民歌研究所”（wxkj1501）阶段性成果。

鉴于笔者知识水平、编辑经验、所掌握的乐谱资料有限，本教材难免会有粗糙、错误等不尽如人意之处，恳请广大同仁及读者给予批评和帮助，在此深表谢意。

赵　敏

2015年4月

目　　录

一　皖西高腔山歌

我国高腔山歌分布较广，高原地带及山区都有此种民歌。其多采用真假嗓结合的唱法，以便歌声能传递到较远的地方，从而形成高腔山歌特有的音乐形态特点：音域宽广、节奏自由，较多地采用拖腔、自由延长音，衬词运用较多且极具地方风味，旋律中大跳运用较多，呈起伏跌宕之势，体现了原生态音乐清新自由的山野之美。

高腔山歌的唱腔常具有高亢嘹亮、穿透力强、极富感染力的特点，其主要流行于云贵高原，也包括川、粤、闽、赣等多丛山峻岭、高低不平的地区。其唱腔或高亢激昂，或清亮柔婉、自由奔放，句幅较长，大跳及长拖腔较多。如四川的“落魂腔”“晨歌”“神歌”等，典型作品如四川的《槐花几时开》、湖北的《姊妹歌》等；西北地区多高原，故其唱腔多昂扬奔放、高亢辽阔、苍莽悠长、嘹亮粗犷，旋法多直线、上下进行和连续跳进，最具代表性的是“花儿”“信天游”，典型作品如《蓝花花》《走西口》《赶牲灵》《山丹丹花开红艳艳》等；流行于内蒙古西部、山西北部的“爬山调”，又叫“山曲”，类似“信天游”，也属高腔山歌类，其独特之处是旋律跳动大，常七度、八度、十一度大跳，有明显蒙古族民歌音调的成分。

皖西民歌中的“挣颈红”“吴店山歌”作为独具特色的高腔山歌，曲调高亢嘹亮，节奏自由。这类山歌过去多由男子演唱，由于音区偏高，男子多采用真假声交替的唱法，尤其在高音区，假声成分更多。演唱者的演唱悠长辽远、高亢嘹亮，且余音缭绕，犹如蜜蜂钻过云天，越过青山绿水，起伏跌宕，绵延不绝，具有极强的音乐层次感。演唱者往往累得脖颈发红，故此种山歌又被人们称为“蜜蜂钻天”“挣颈红”，曾在皖西舒城一带较为流行。除此之外，皖西地区还有一种高腔山歌——“吴店山歌”，此种山歌在金寨的“吴店”较为流行，由于此歌种曲调较原始，与皖西另一种山歌体裁“慢赶牛”有显著区别，故以流行地“吴店”命名，称为“吴店山歌”，其音乐高亢激越，可根据感情及语言需要“望风采柳”，即兴性很强。上述三类民歌衬词、衬腔较多，作品中“嚎”“哎嗨”“啦”“啊”“呃”等衬词随处可见。皖西高腔山歌在皖西民歌中具有极强的代表性。

忍气吞声在心里

金寨

1=D
慢速 自由地

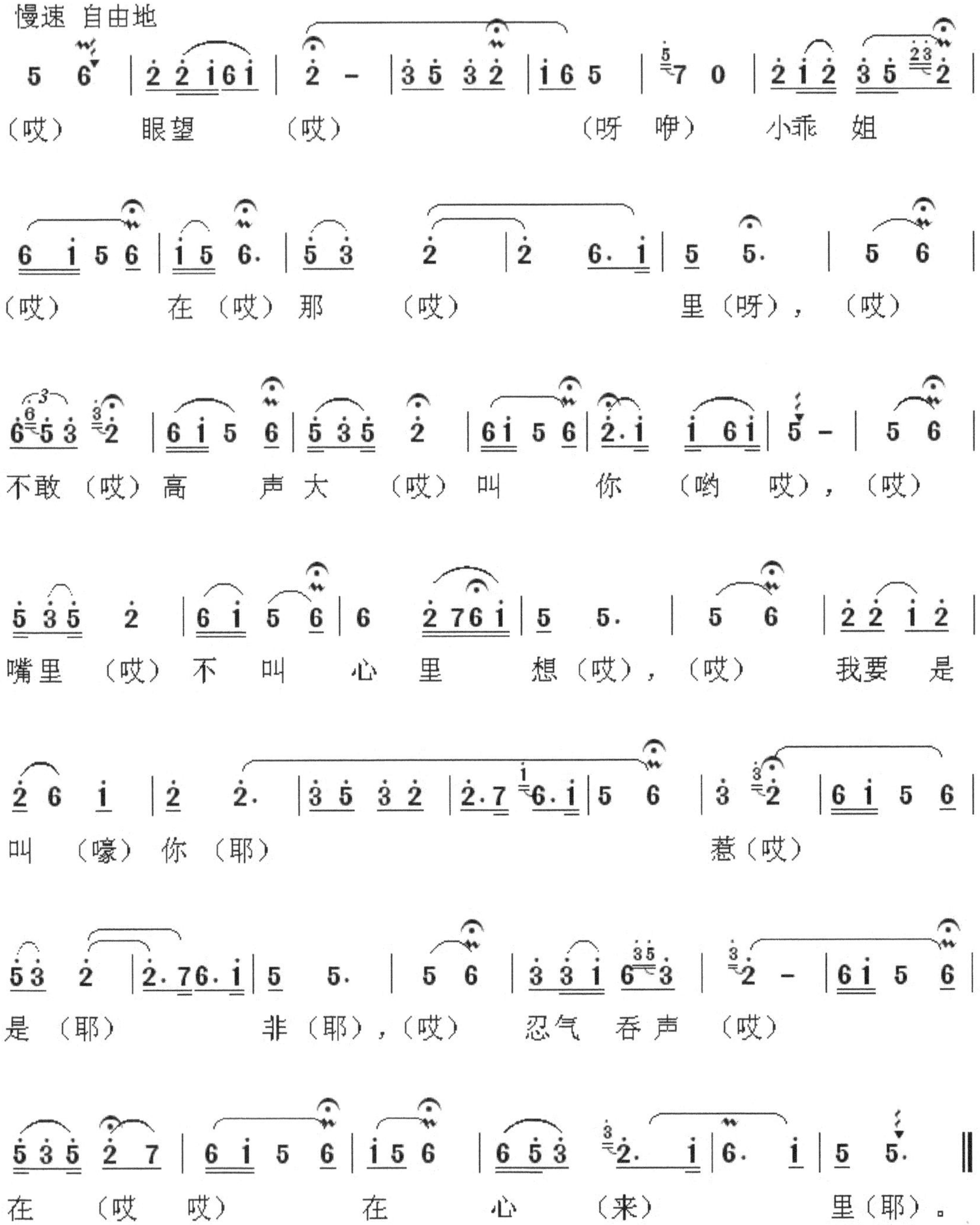

只要五句真山歌

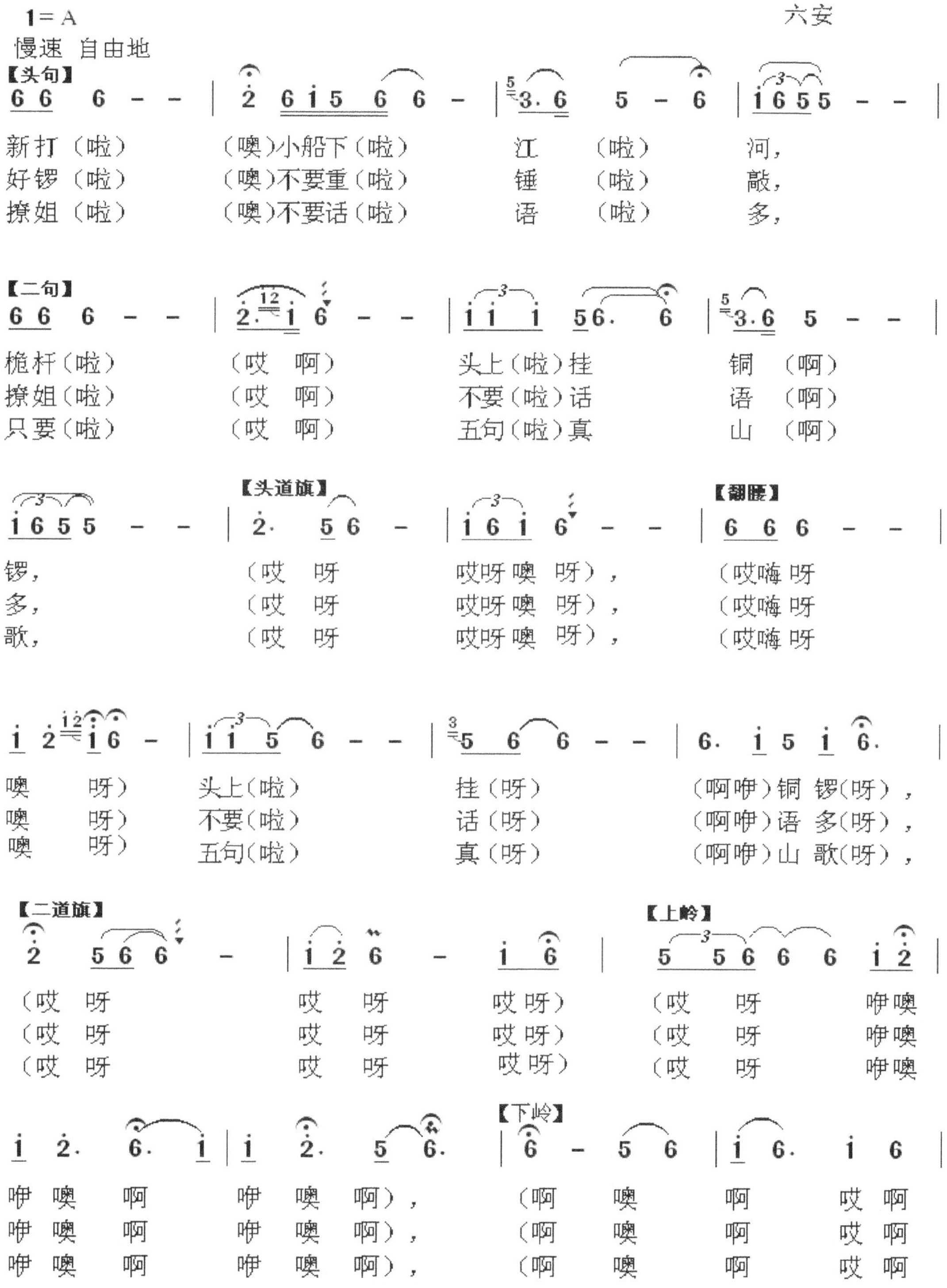
1=A
六安
慢速 自由地
【头句】
新打（啦） （噢）小船下（啦） 江 （啦） 河，
好锣（啦） （噢）不要重（啦） 锤 （啦） 敲，
撩姐（啦） （噢）不要话（啦） 语 （啦） 多，
【二句】
桅杆（啦） （哎 啊） 头上（啦）挂 铜 （啊）
撩姐（啦） （哎 啊） 不要（啦）话 语 （啊）
只要（啦） （哎 啊） 五句（啦）真 山 （啊）
【头道旗】
【翻腰】
锣， （哎 呀 哎呀噢 呀）， （哎嗨呀
多， （哎 呀 哎呀噢 呀）， （哎嗨呀
歌， （哎 呀 哎呀噢 呀）， （哎嗨呀
噢 呀） 头上（啦） 挂（呀） （啊咿）铜 锣（呀），
噢 呀） 不要（啦） 话（呀） （啊咿）语 多（呀），
噢 呀） 五句（啦） 真（呀） （啊咿）山 歌（呀），
【二道旗】
【上岭】
（哎 呀 哎 呀 哎呀） （哎 呀 咿噢
（哎 呀 哎 呀 哎呀） （哎 呀 咿噢
（哎 呀 哎 呀 哎呀） （哎 呀 咿噢
【下岭】
咿 噢 啊 咿 噢 啊）， （啊 噢 啊 哎 啊
咿 噢 啊 咿 噢 啊）， （啊 噢 啊 哎 啊
咿 噢 啊 咿 噢 啊）， （啊 噢 啊 哎 啊

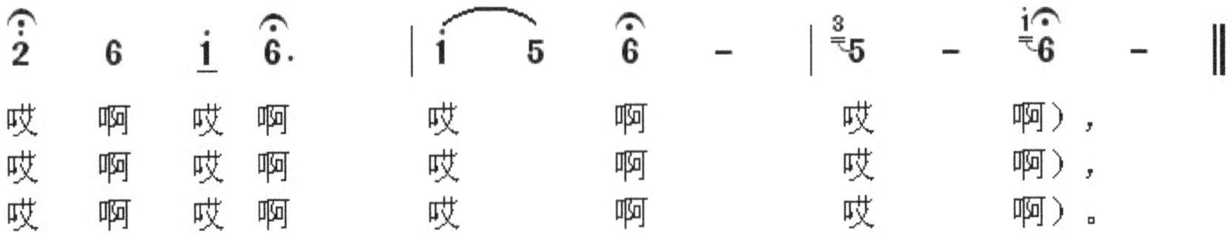

铁打的心肠也软了

1＝D
慢速　节奏自由

六安

【出歌子】
撩不到好姐不要焦，老鼠打洞慢慢掏。
【扛歌子】

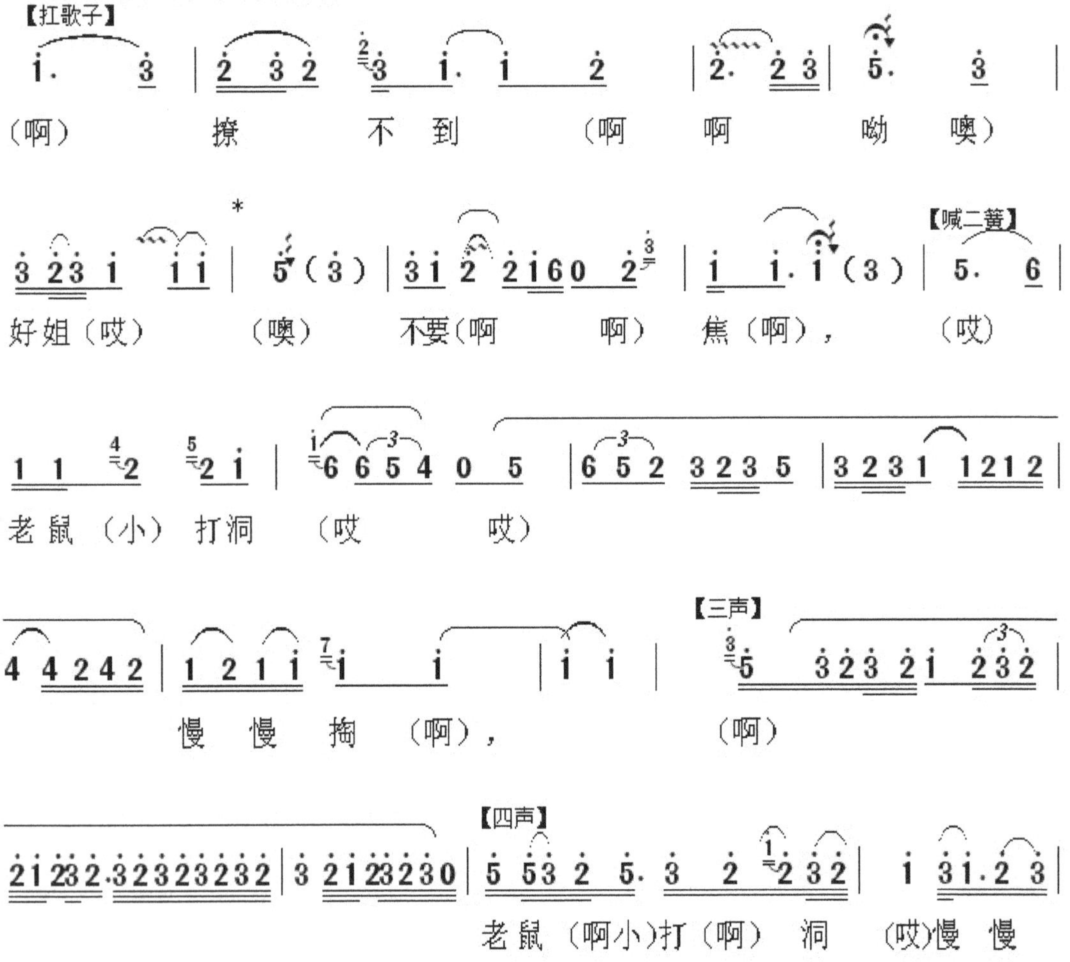

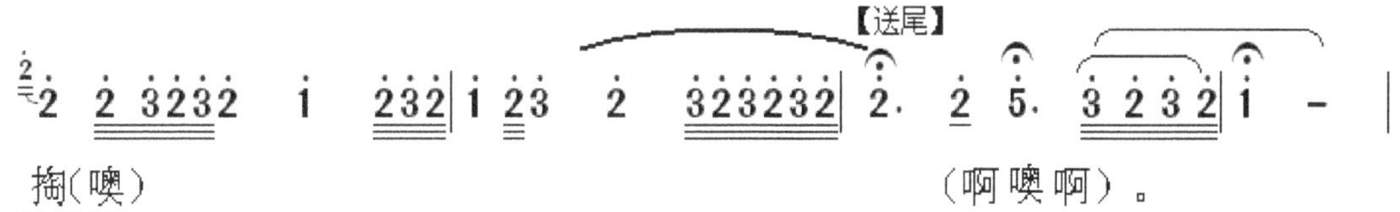

【出歌子】

白天给她担担水，晚上给她抱柴烧，铁打的心肠也软了。

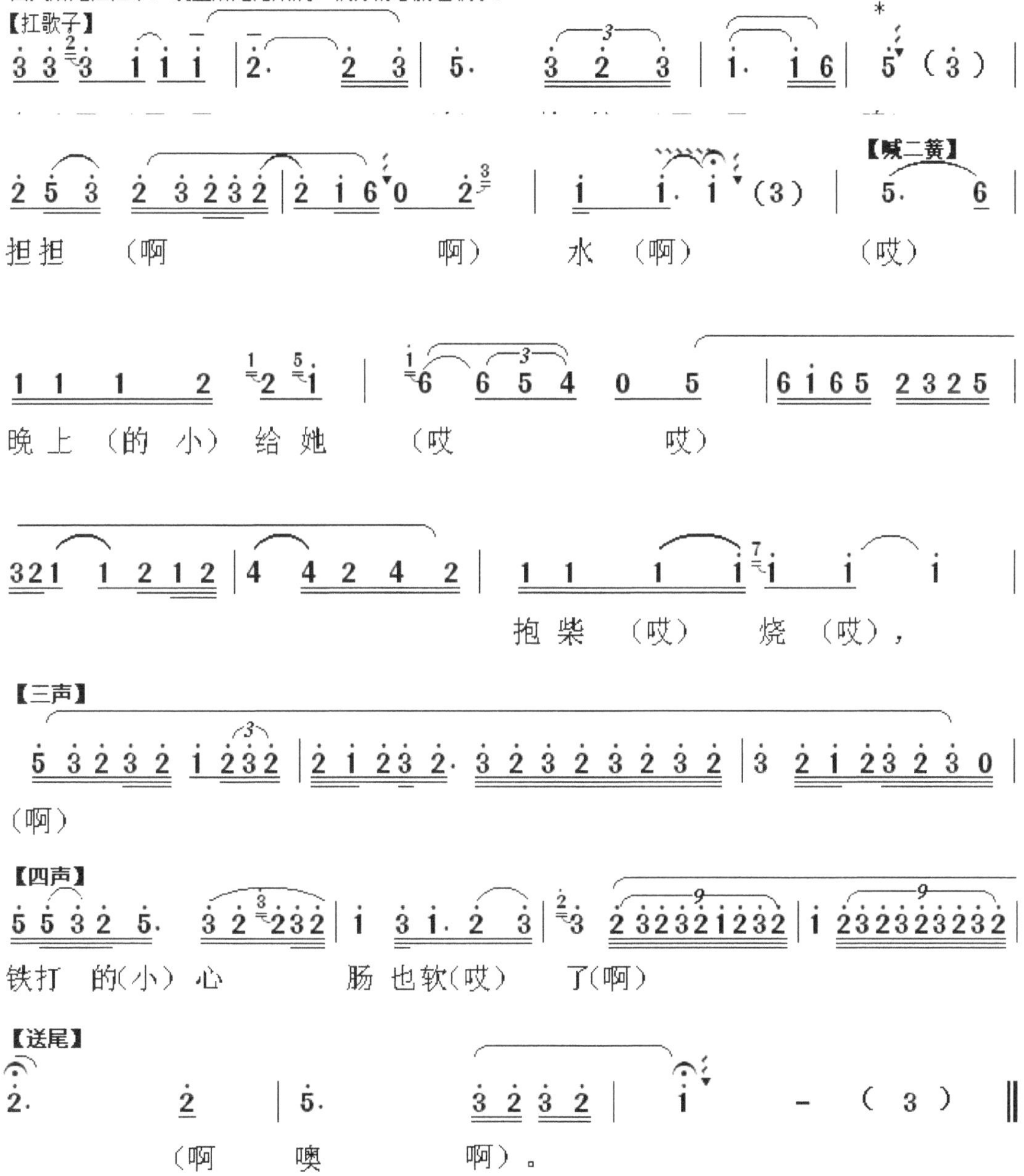

三个大姐一阵行

1=F
慢速 自由地

金寨

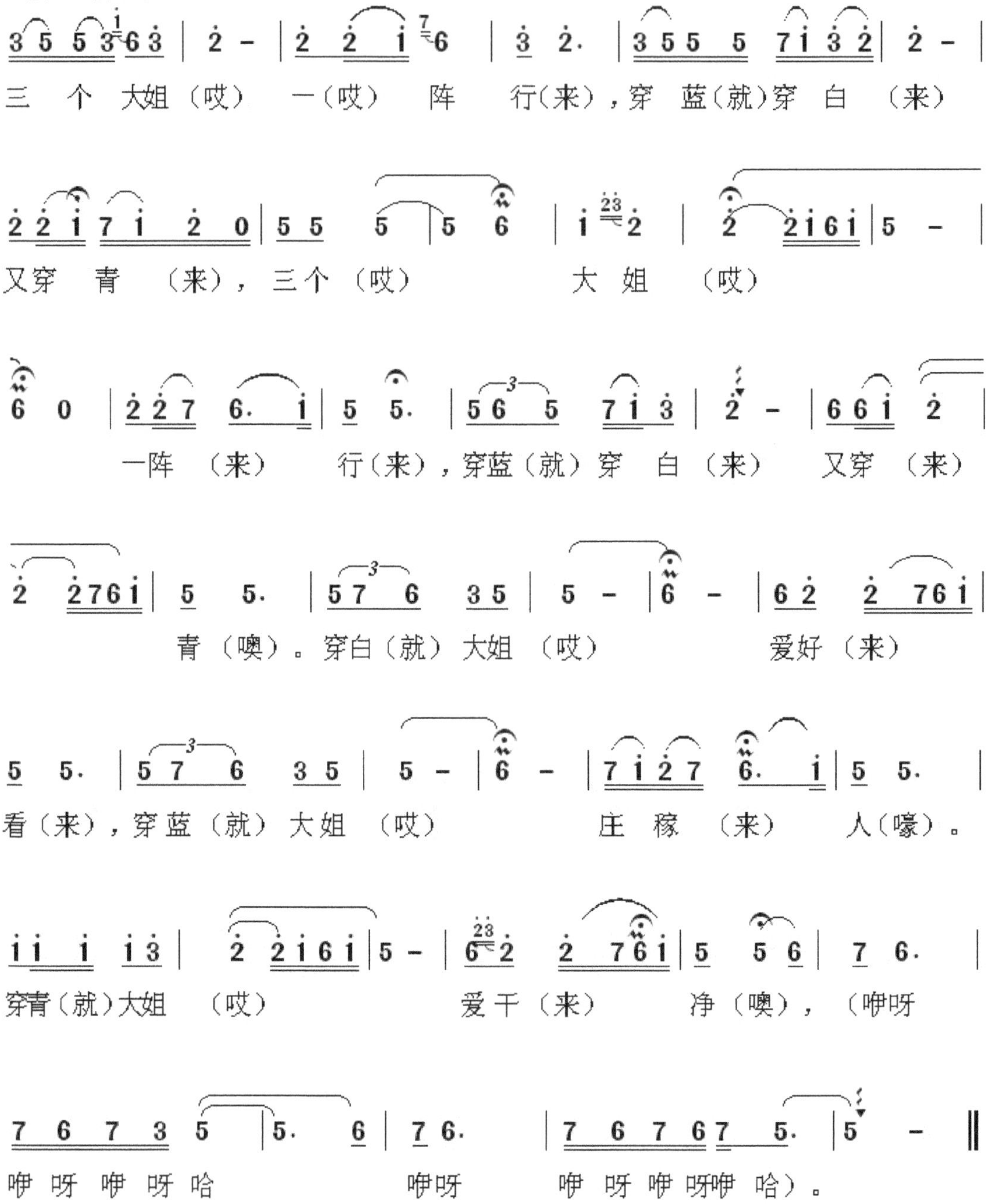

春季里来是长天

1=F

慢速 自由地

金寨

农业生产要抓紧

1=G 4/4
慢 节奏自由

六安

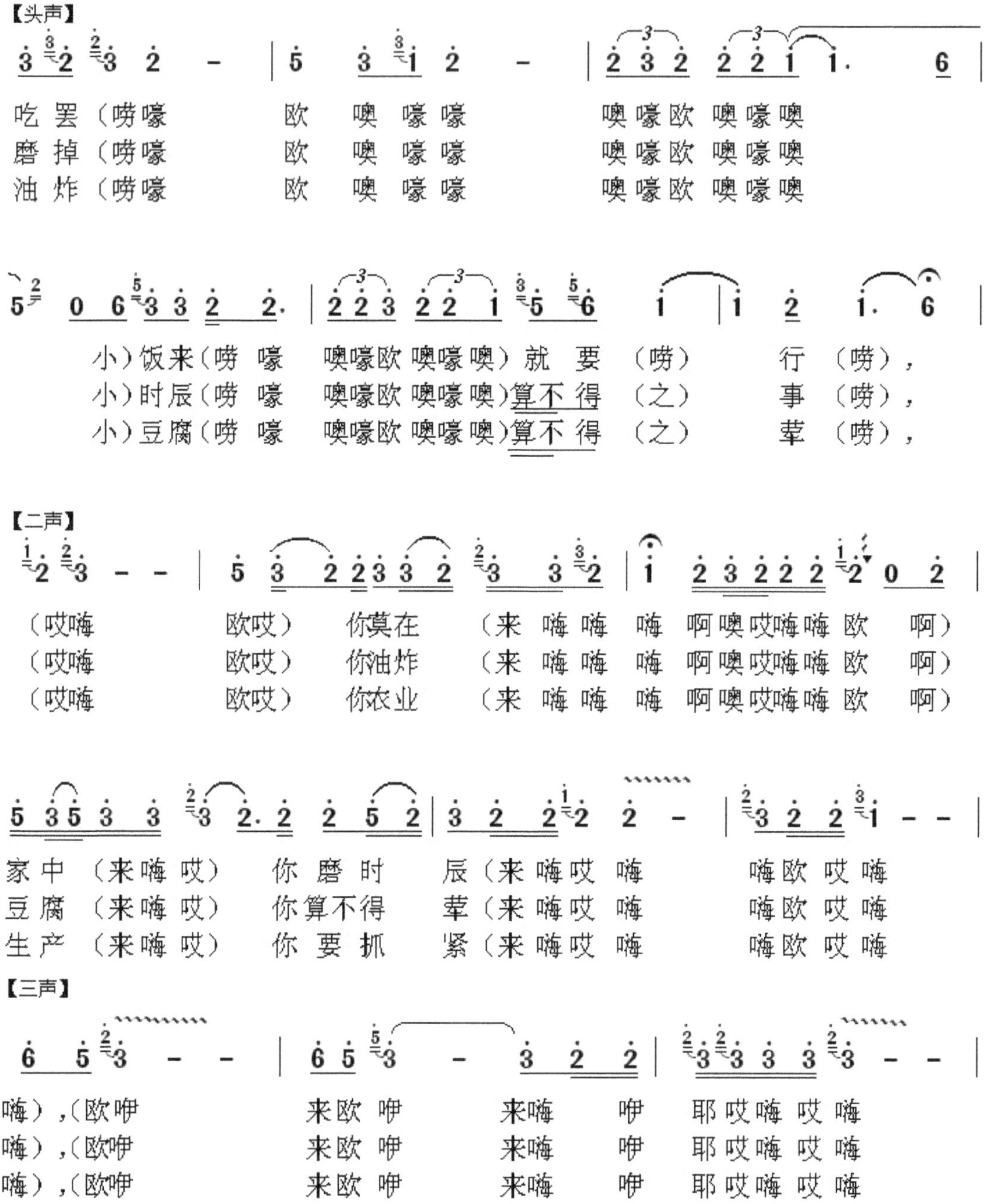

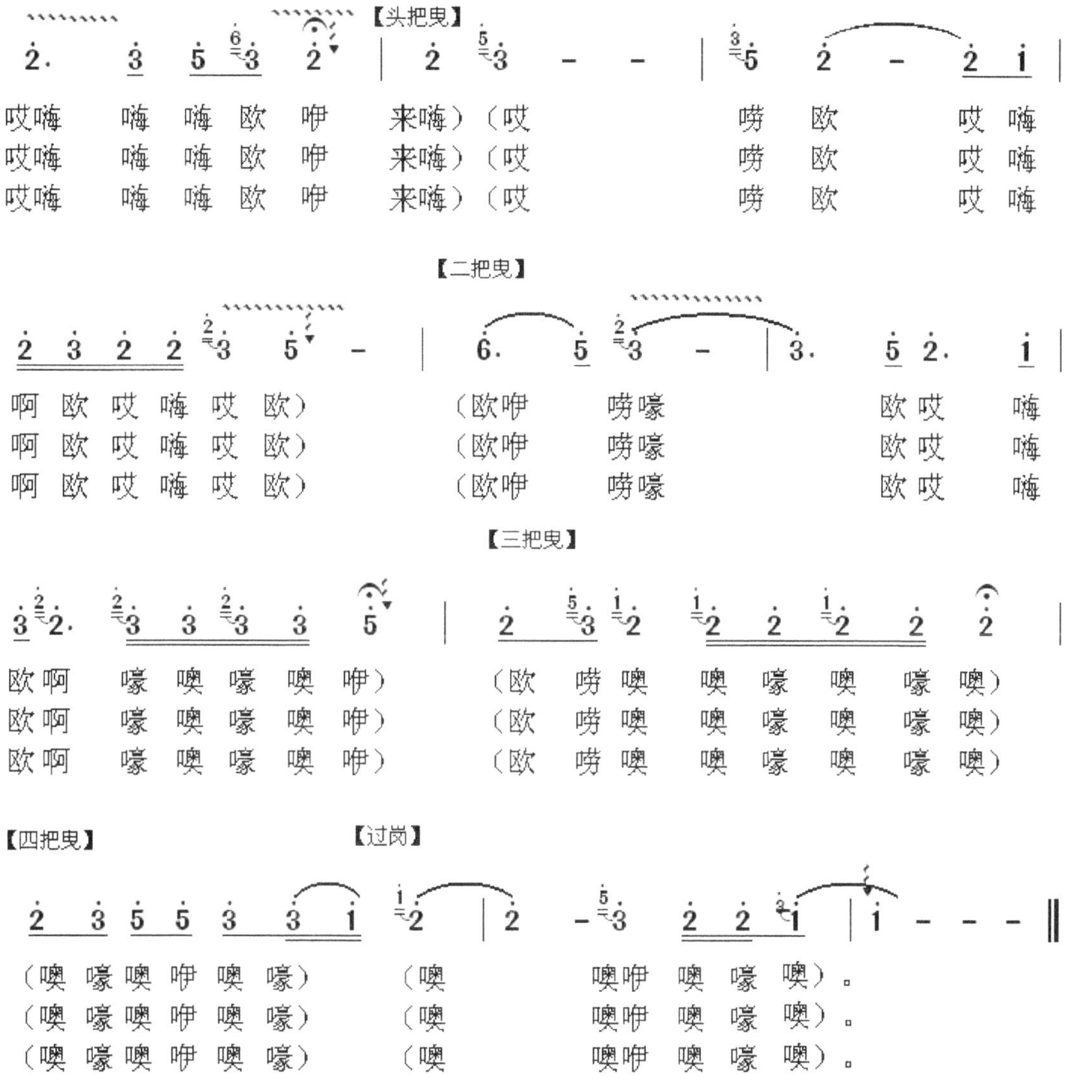
【头把曳】
哎嗨 嗨 嗨 欧 咿 来嗨）（哎 唠 欧 哎 嗨
哎嗨 嗨 嗨 欧 咿 来嗨）（哎 唠 欧 哎 嗨
哎嗨 嗨 嗨 欧 咿 来嗨）（哎 唠 欧 哎 嗨
【二把曳】
啊 欧 哎 嗨 哎 欧） （欧咿 唠嚎 欧哎 嗨
啊 欧 哎 嗨 哎 欧） （欧咿 唠嚎 欧哎 嗨
啊 欧 哎 嗨 哎 欧） （欧咿 唠嚎 欧哎 嗨
【三把曳】
欧啊 嚎 噢 嚎 噢 咿） （欧 唠 噢 噢 嚎 噢 嚎 噢）
欧啊 嚎 噢 嚎 噢 咿） （欧 唠 噢 噢 嚎 噢 嚎 噢）
欧啊 嚎 噢 嚎 噢 咿） （欧 唠 噢 噢 嚎 噢 嚎 噢）
【四把曳】
【过岗】
（噢 嚎 噢 咿 噢 嚎） （噢 噢咿 噢 嚎 噢）。
（噢 嚎 噢 咿 噢 嚎） （噢 噢咿 噢 嚎 噢）。
（噢 嚎 噢 咿 噢 嚎） （噢 噢咿 噢 嚎 噢）。

鲜鱼好吃网难开

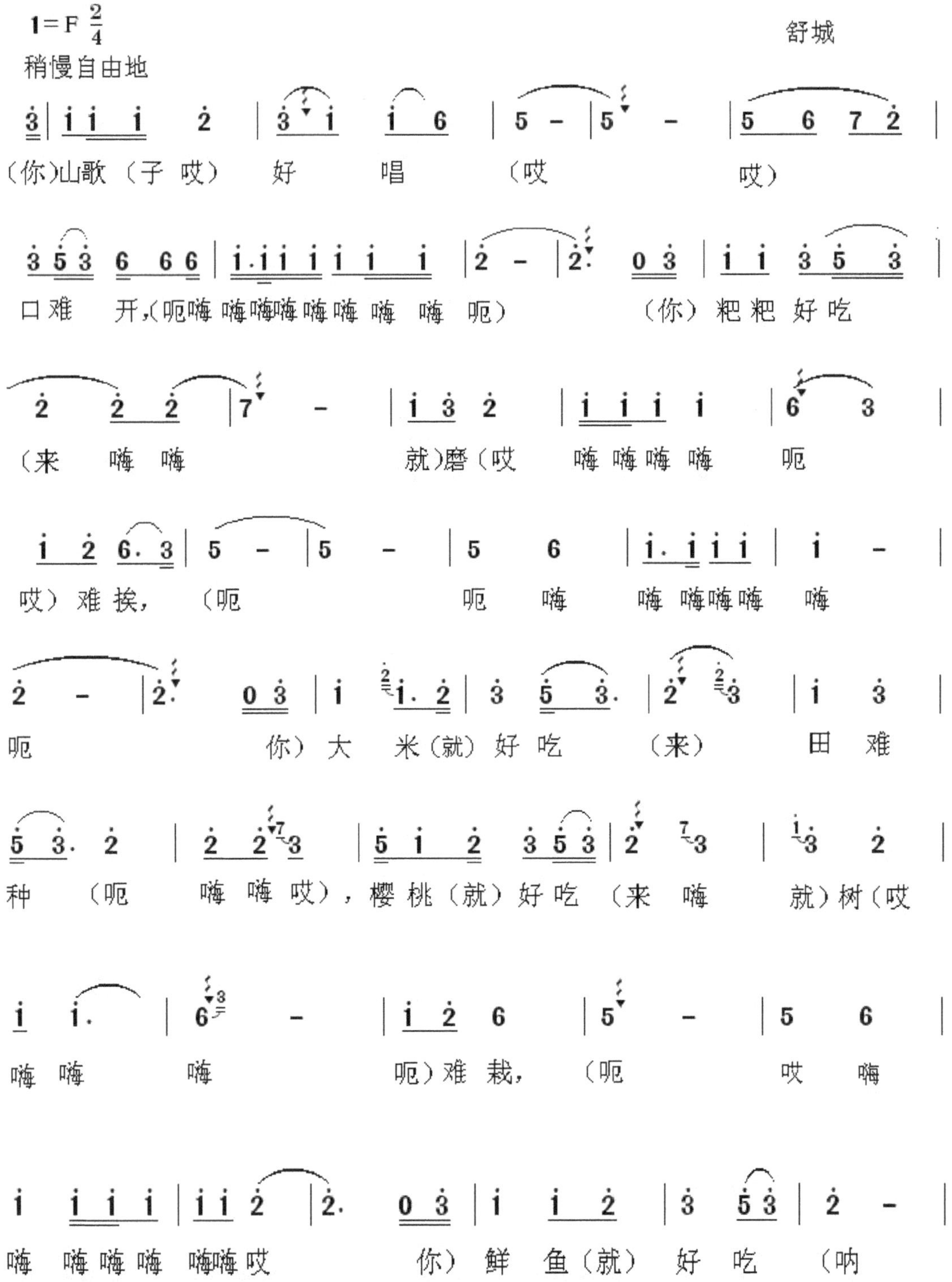
1=F 2/4
稍慢自由地
舒城
(你)山歌(子 哎) 好 唱 (哎 哎)
口难 开,(呃嗨 嗨嗨嗨嗨嗨 嗨 嗨 呃) (你) 粑粑 好吃
(来 嗨 嗨 就)磨(哎 嗨嗨嗨 嗨 呃
哎)难 挨, (呃 呃 嗨 嗨 嗨嗨嗨 嗨
呃 你)大 米(就) 好 吃 (来) 田 难
种 (呃 嗨 嗨 哎), 樱桃(就)好吃 (来 嗨 就)树(哎
嗨 嗨 嗨 呃)难 栽, (呃 哎 嗨
嗨 嗨嗨嗨 嗨嗨哎 你) 鲜 鱼(就) 好 吃 (呐

就）网（咧 嗨嗨 呃）难 开 （呃）。

二　皖西平腔山歌

平腔山歌，是指作品旋律起伏不大，较委婉抒情；或者速度较快，但旋律较平直，音域不宽；演唱时以真声为主，或真假声结合的山歌。皖西民歌中的“慢赶牛”、斩板山歌、快板山歌、寒音山歌等节奏规整，曲调平稳（当然，也有不少山歌旋法中包含四五度音程及六度八度音程大跳，风格朴实而苍劲，需真假声结合才能完成），都适用平腔唱法，归为平腔山歌。

推小车

1=E $\frac{2}{4}$

中速稍慢

金寨

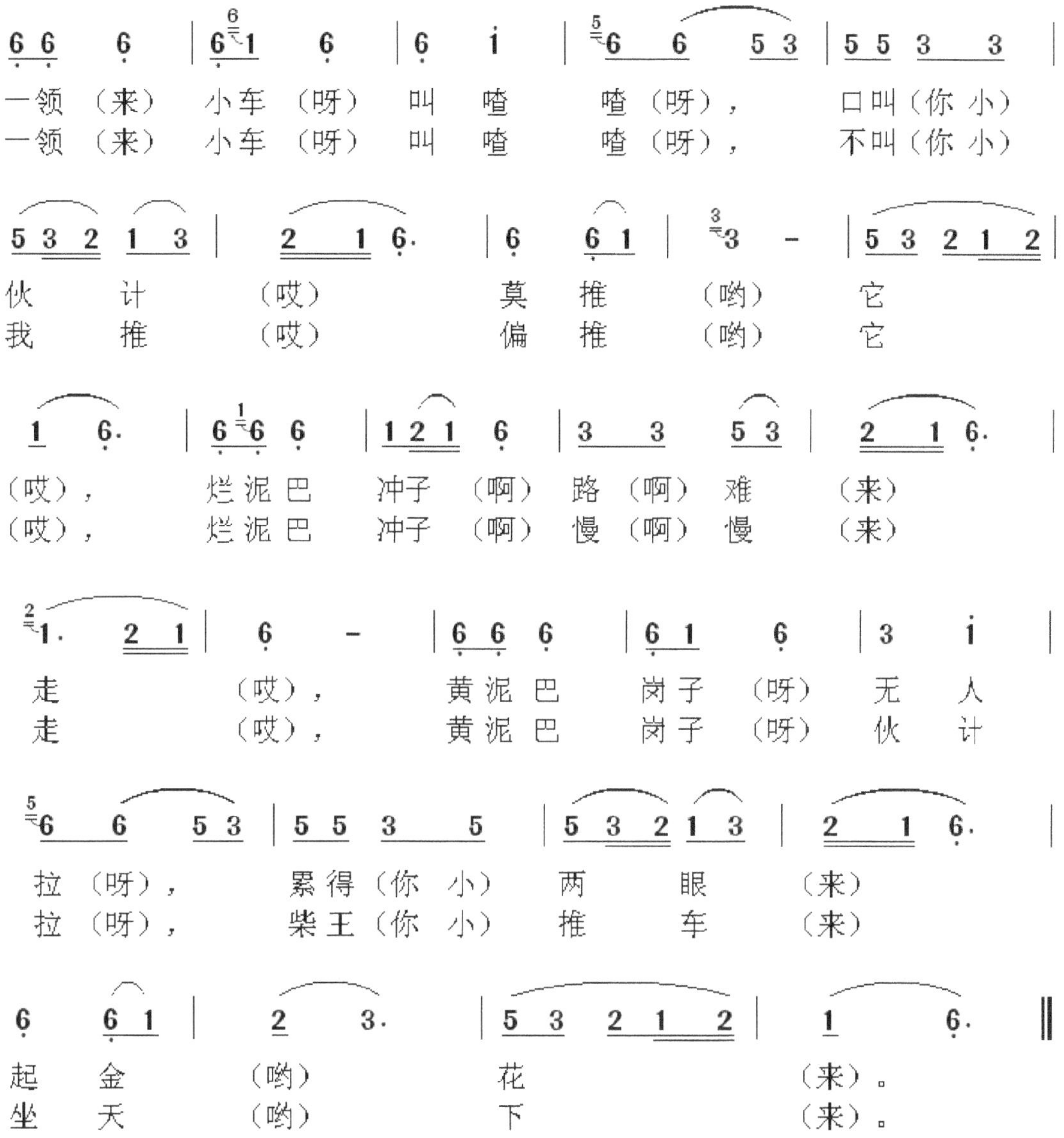

打一把苦菜当晚饭

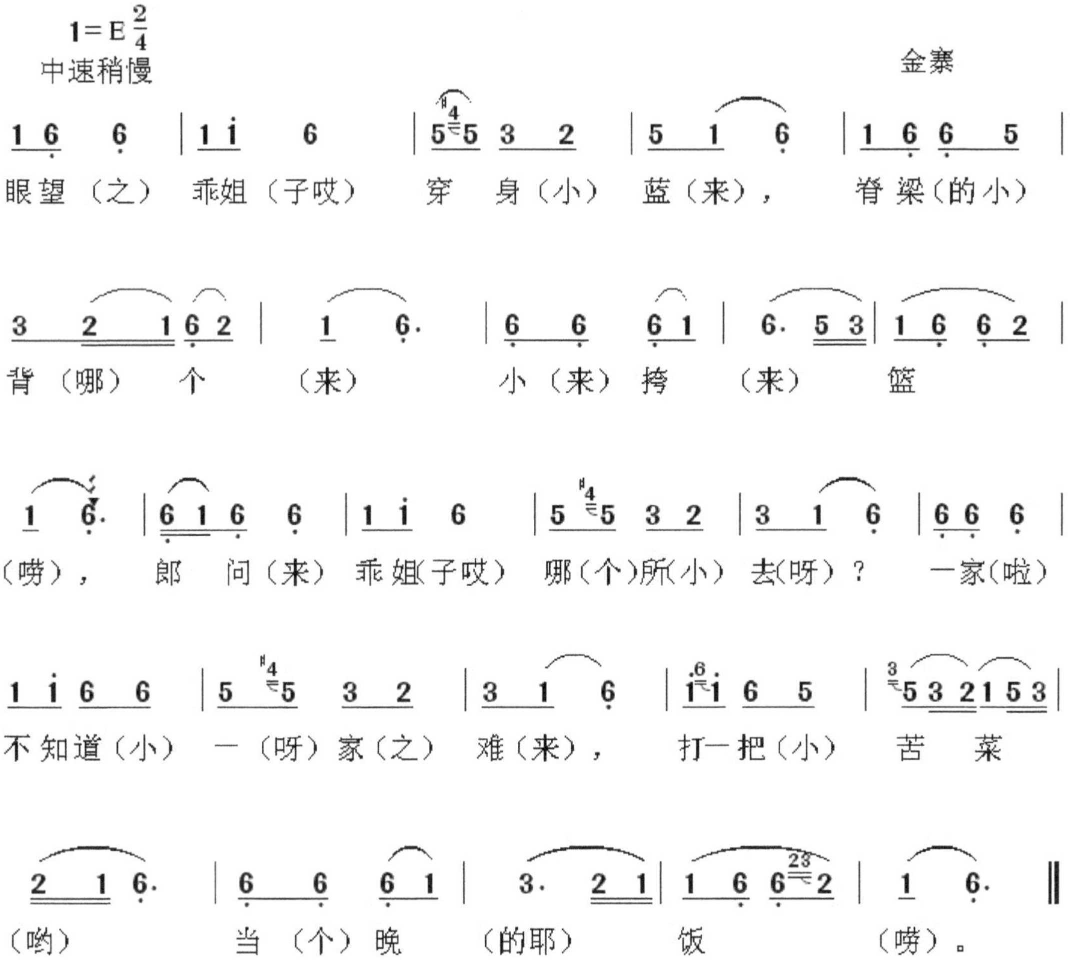
1=E 2/4
中速稍慢
金寨
眼望（之）乖姐（子哎）穿 身（小）蓝（来），脊梁（的小）
背（哪）个 （来） 小（来）挎 （来） 篮
（唠）， 郎 问（来）乖姐（子哎）哪（个）所（小）去（呀）？ 一家（啦）
不知道（小） 一（呀）家（之） 难（来）， 打一把（小） 苦 菜
（哟） 当（个）晚 （的耶） 饭 （唠）。

一对画眉咯咯叫

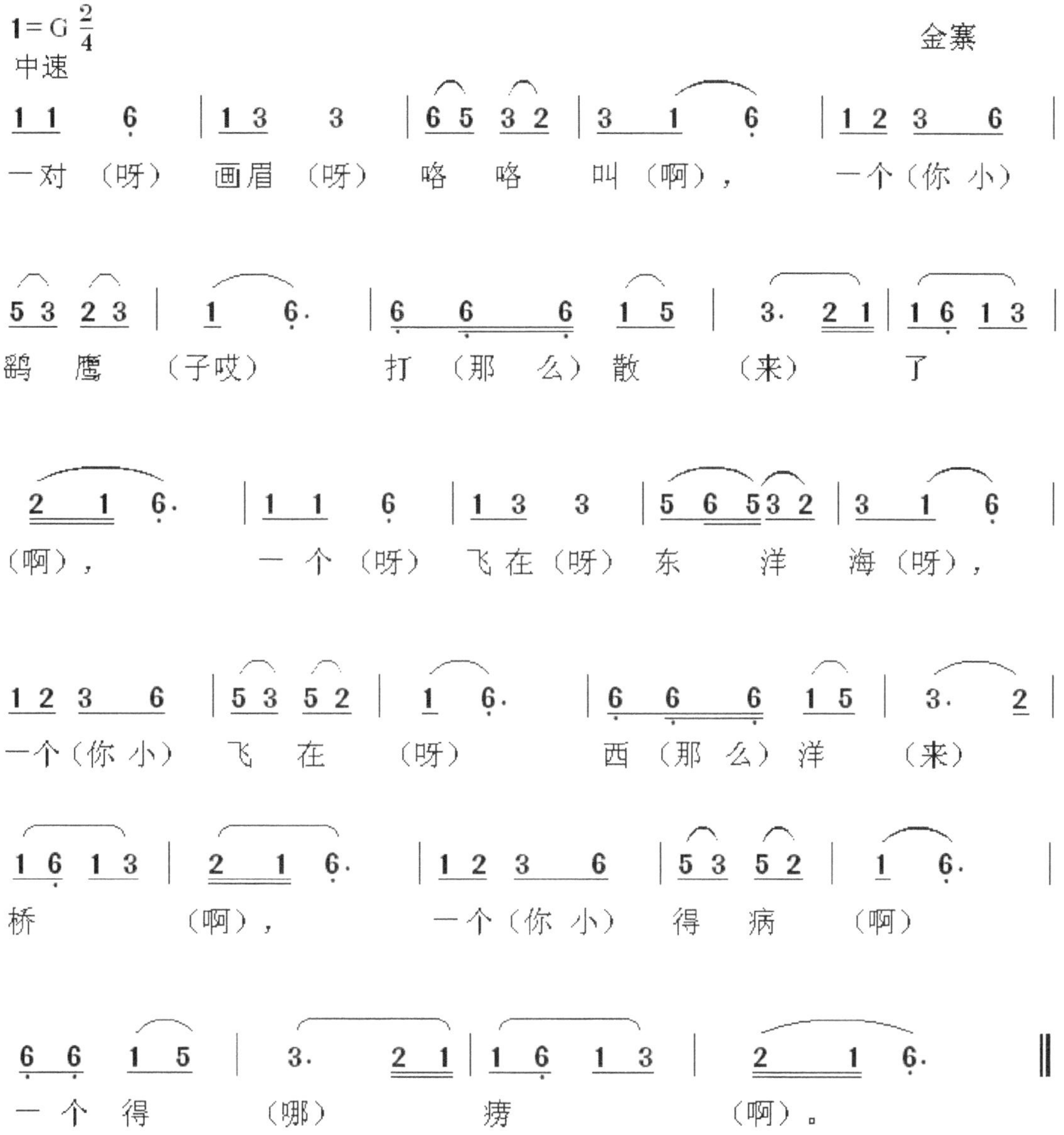
1=G 2/4
中速
金寨
一对（呀）画眉（呀）咯 咯 叫（啊），一个（你 小）
鹞 鹰 （子哎） 打（那 么）散 （来） 了
（啊）， 一 个（呀） 飞 在（呀） 东 洋 海（呀），
一个（你 小） 飞 在 （呀） 西（那 么）洋 （来）
桥 （啊）， 一个（你 小） 得 病 （啊）
一 个 得 （哪） 痨 （啊）。

反贴门神左右难

1=A 4/4　　六安

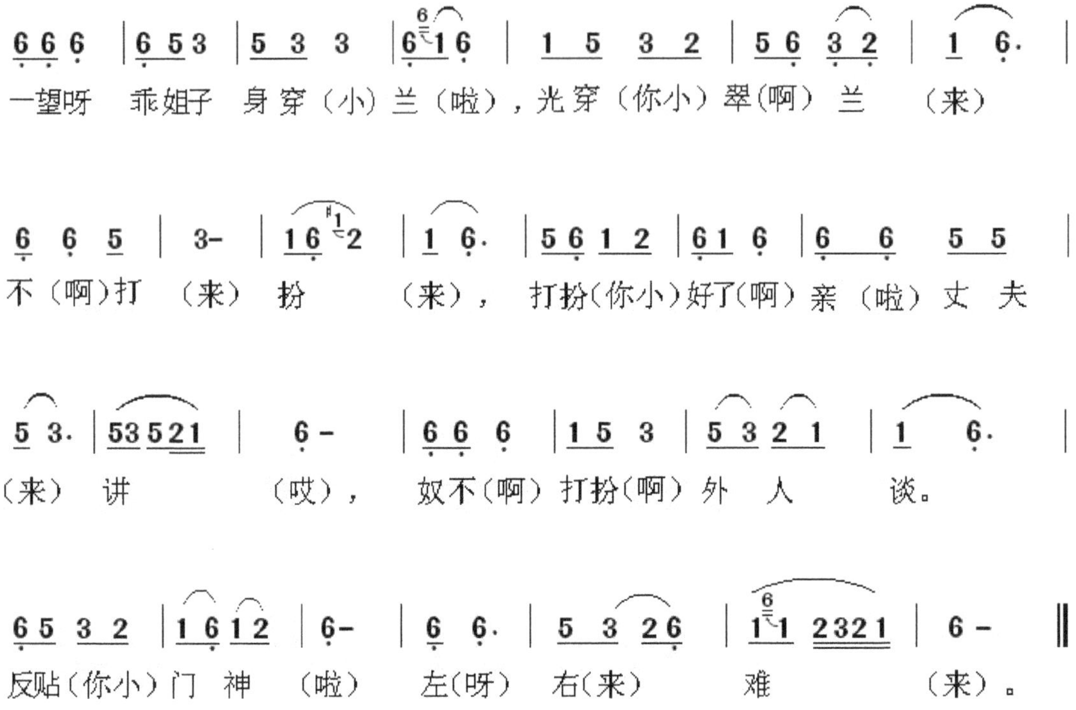

郎在高山唱山歌

（西路山歌）

1=C

中速

金寨

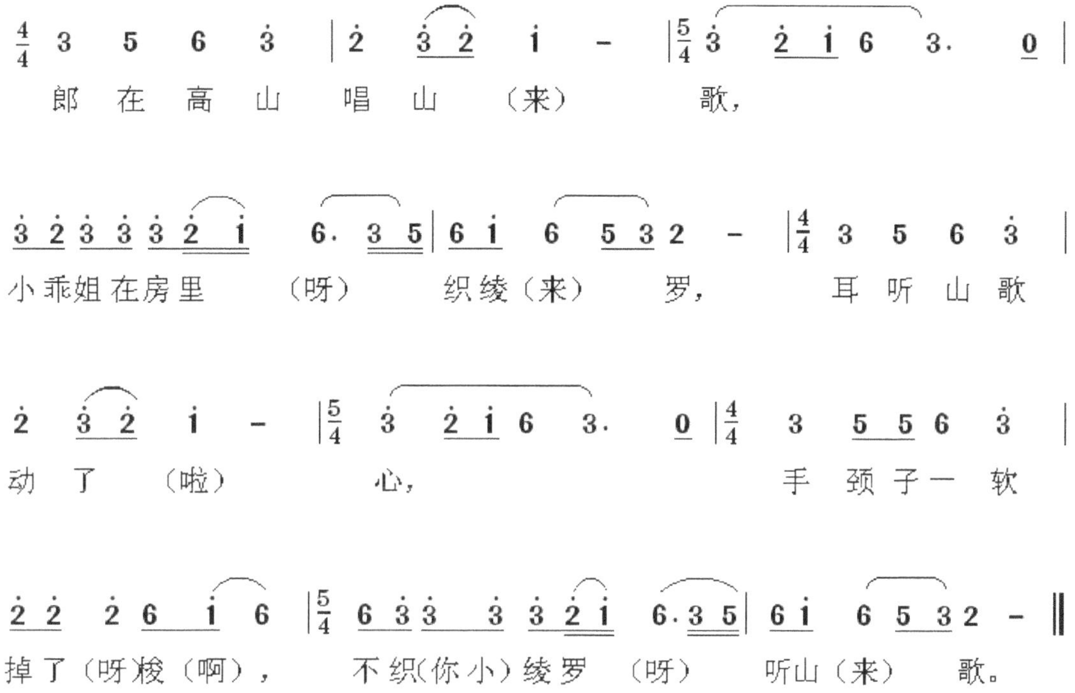

三国英雄数马超

1=G $\frac{2}{4}$

中速

金寨

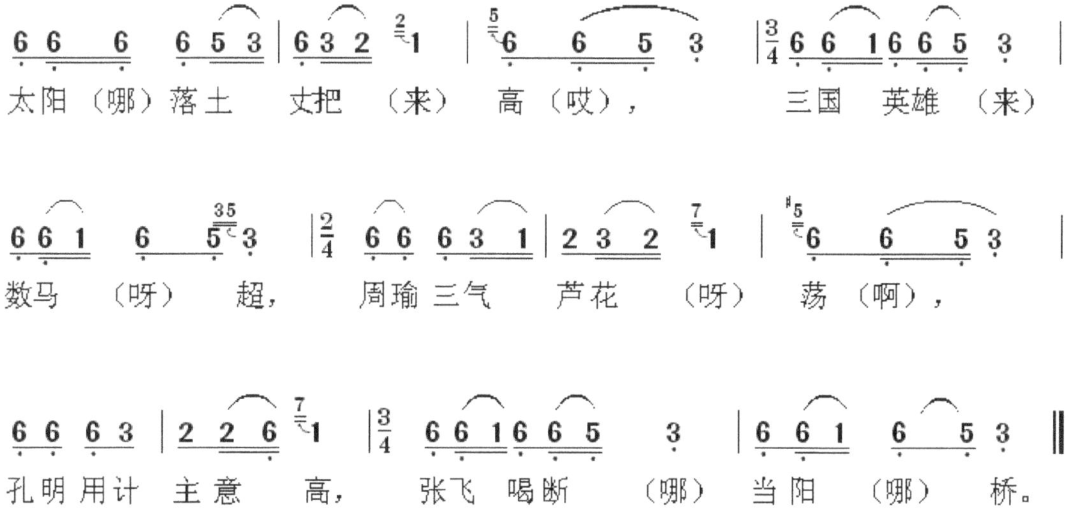

是花没得菊花黄

1＝A $\frac{2}{4}$
♩=78

金寨

天上浮云赶浮云

金寨

1=G $\frac{2}{4}$

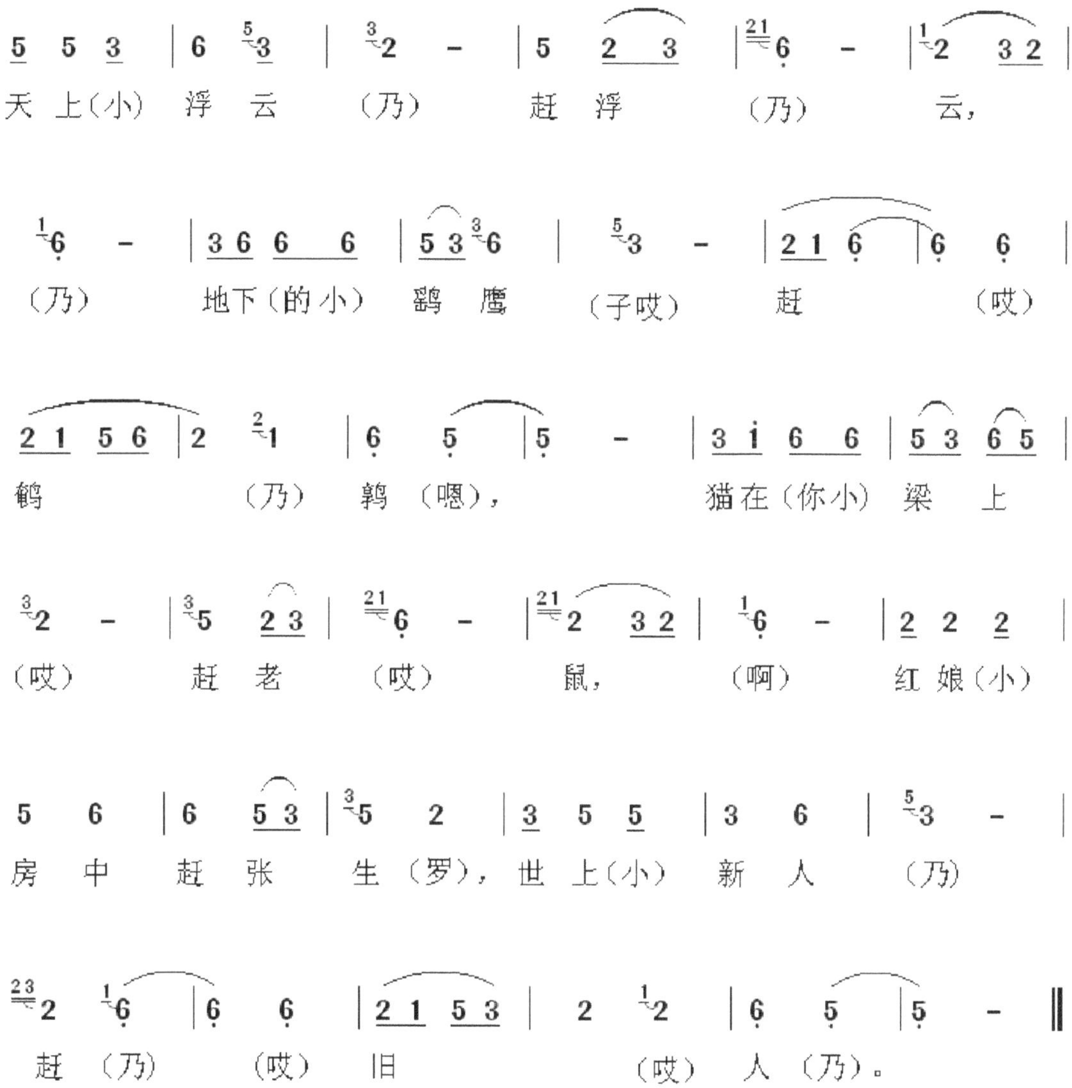

斑鸠树上叫声孤

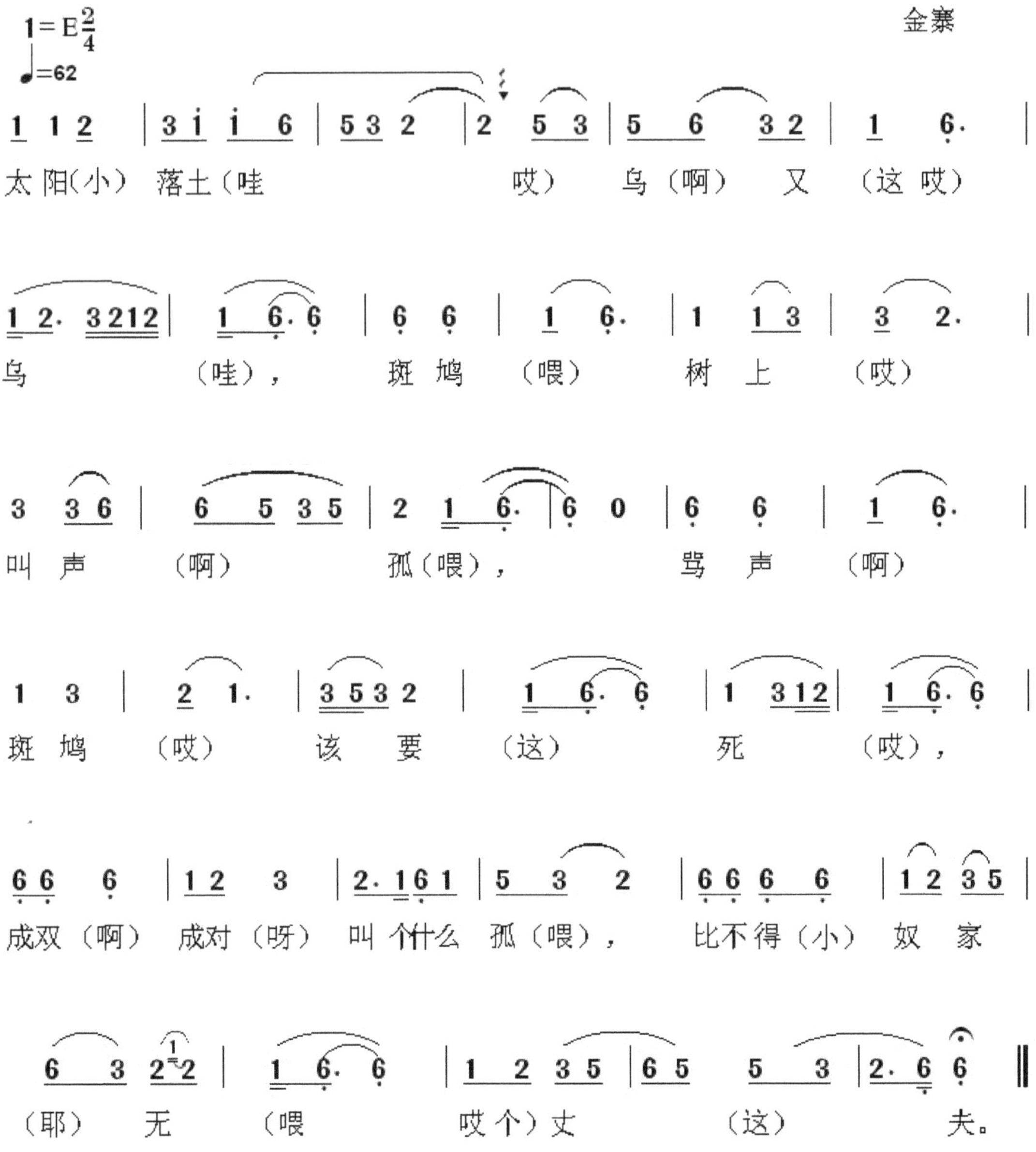
1=E 2/4
♩=62
金寨
太阳(小)落土(哇 哎)乌(啊)又(这哎)
乌 (哇),斑鸠(喂)树上(哎)
叫声(啊)孤(喂),骂声(啊)
斑鸠(哎)该要(这)死(哎),
成双(啊)成对(呀)叫个什么孤(喂),比不得(小)奴家
(耶)无(喂 哎个)丈(这)夫。

山歌好唱口难开

金寨

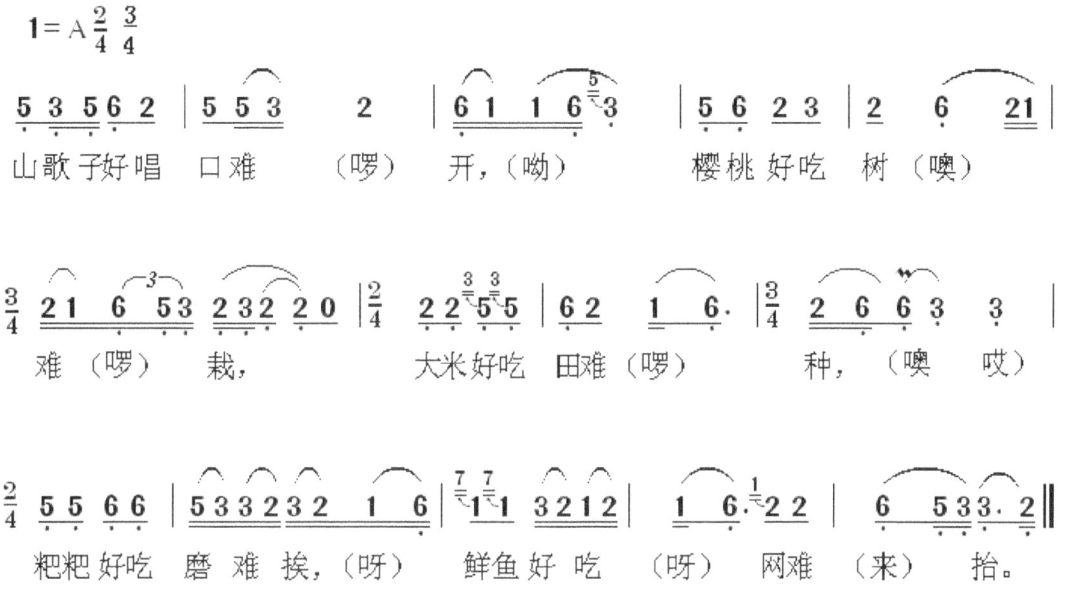
1＝A 2/4 3/4
山歌子好唱　口难　（啰）　开，（呦）　樱桃好吃　树（噢）
难（啰）　栽，　大米好吃　田难（啰）　种，（噢　哎）
粑粑好吃　磨　难　挨，（呀）　鲜鱼好　吃　（呀）　网难　（来）　抬。

小郎住在桥两头

$1=F\ \frac{2}{4}$

中速

六安

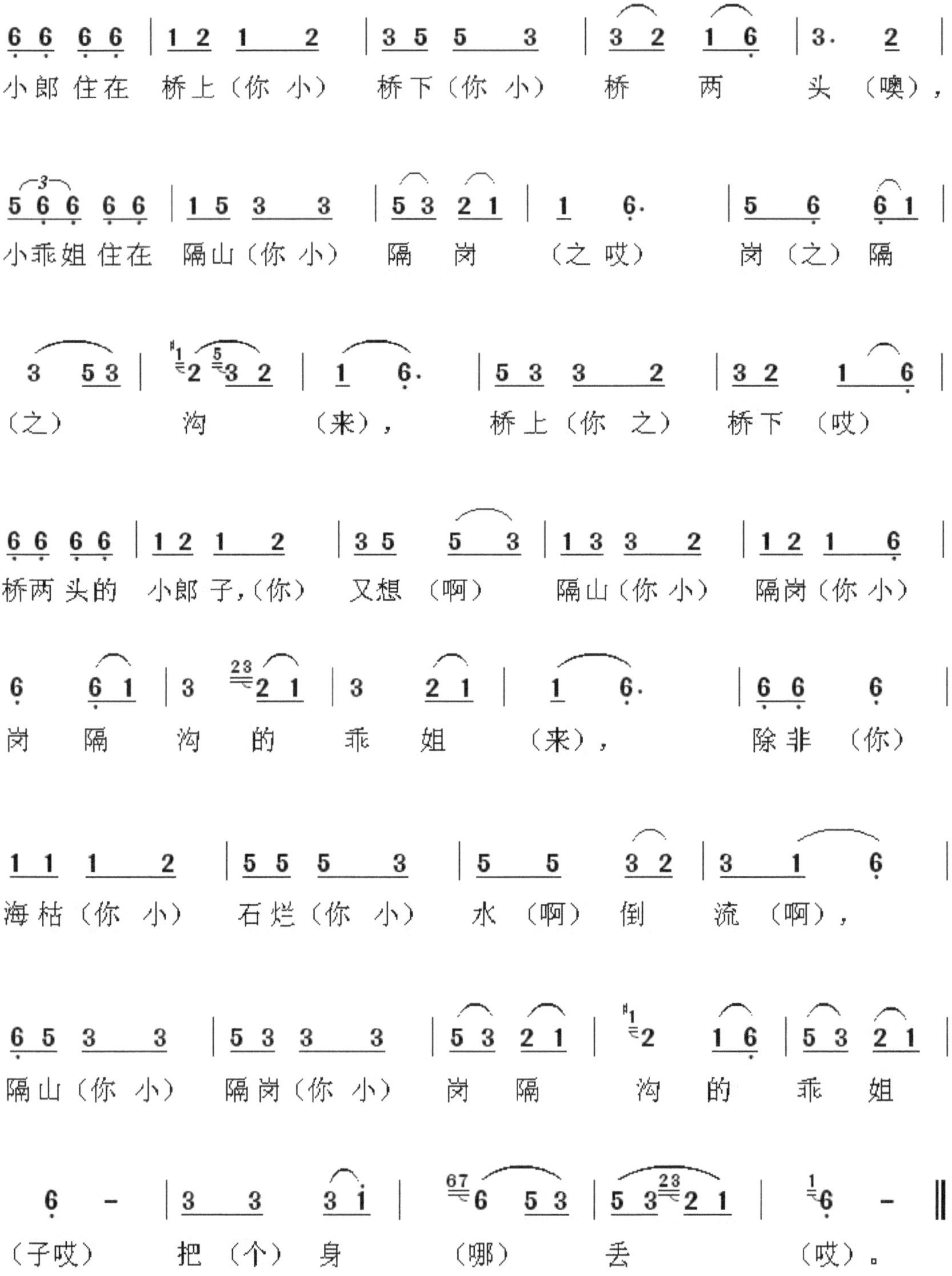

眼望乖姐靠门庭

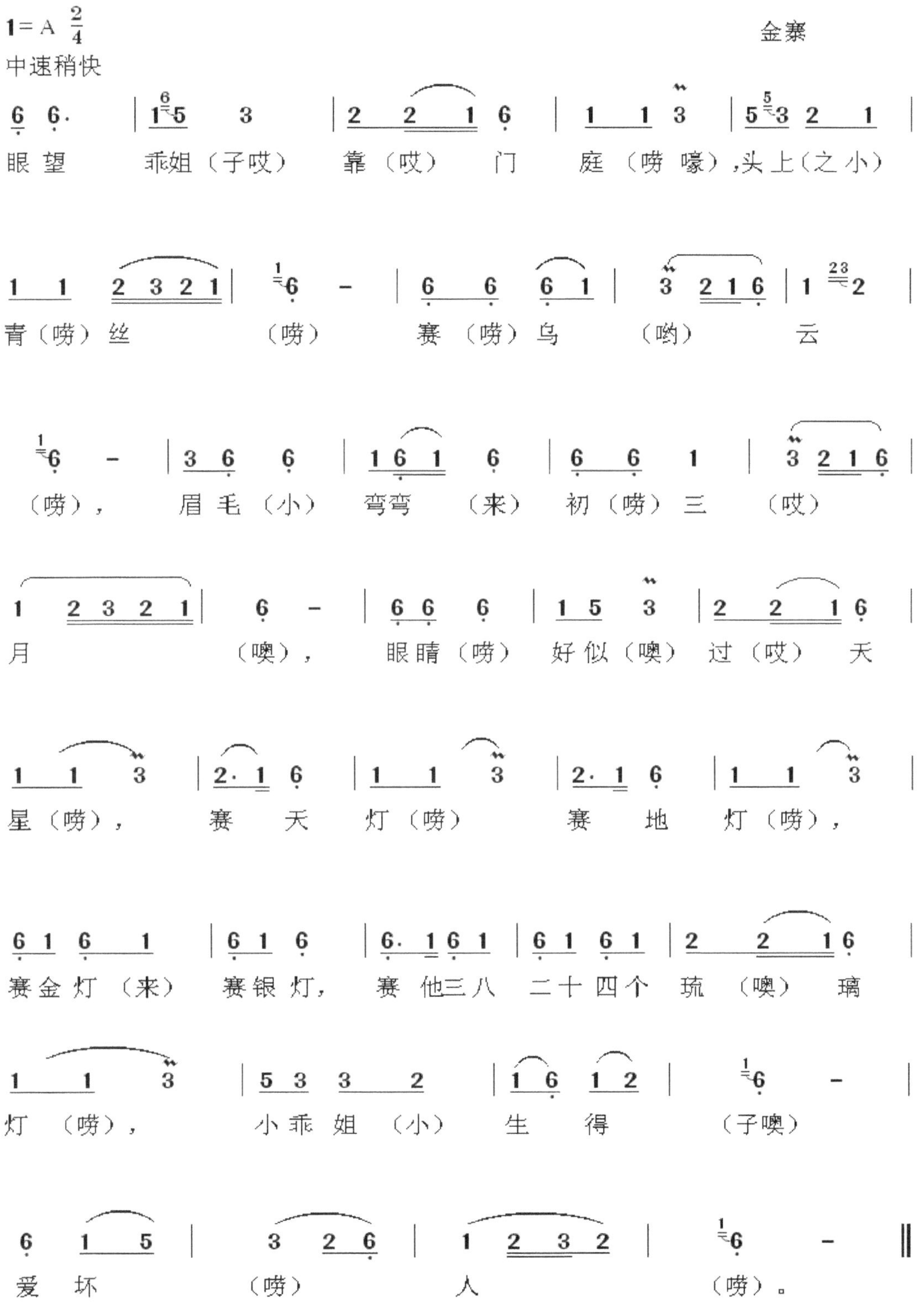
1=A 2/4
金寨
中速稍快
眼望 乖姐（子哎） 靠（哎） 门 庭（唠 嚎），头上（之小）
青（唠）丝 （唠） 赛（唠）乌 （哟） 云
（唠）， 眉毛（小） 弯弯 （来） 初（唠）三 （哎）
月 （噢）， 眼睛（唠） 好似（噢） 过（哎） 天
星（唠）， 赛 天 灯（唠） 赛 地 灯（唠），
赛金灯（来） 赛银灯， 赛 他三八 二十四个 琉 （噢） 璃
灯 （唠）， 小乖姐（小） 生 得 （子噢）
爱 坏 （唠） 人 （唠）。

蒙蒙小雨不开天

金寨

1=A 2/4
蒙蒙 个 小雨(来) (又) 不开(呦) 天(哪)，小麻雀子 (又可)不离
(么) 瓦(耶)屋 (啰) 檐 (来) (呀)，小燕 子
(倒也)不离 屋(是么)屋梁 (来) 上(啰 哎)，小蜜蜂
(倒也)不离 后(耶)花(之)园(哪)，小乖姐(小) 时刻不离 (来)，
小郎面 (啰) 前 (呦 哎)。

唱歌的可是凡间人

1=B 2/4
中速
金寨
郎在（呀）高山（来）唱一声（唠），
顺风（你就）刮到（啊）紫（啊）禁（唠）
城（来），万岁爷听见（了）下了
位（呀），娘娘（啊）
听见（了）动了心（来），唱歌（你小）可（啊）是
（啊）凡间（唠）人（来）。

太阳落土黑乌乌

$1 = E\ \frac{2}{4}$

金寨

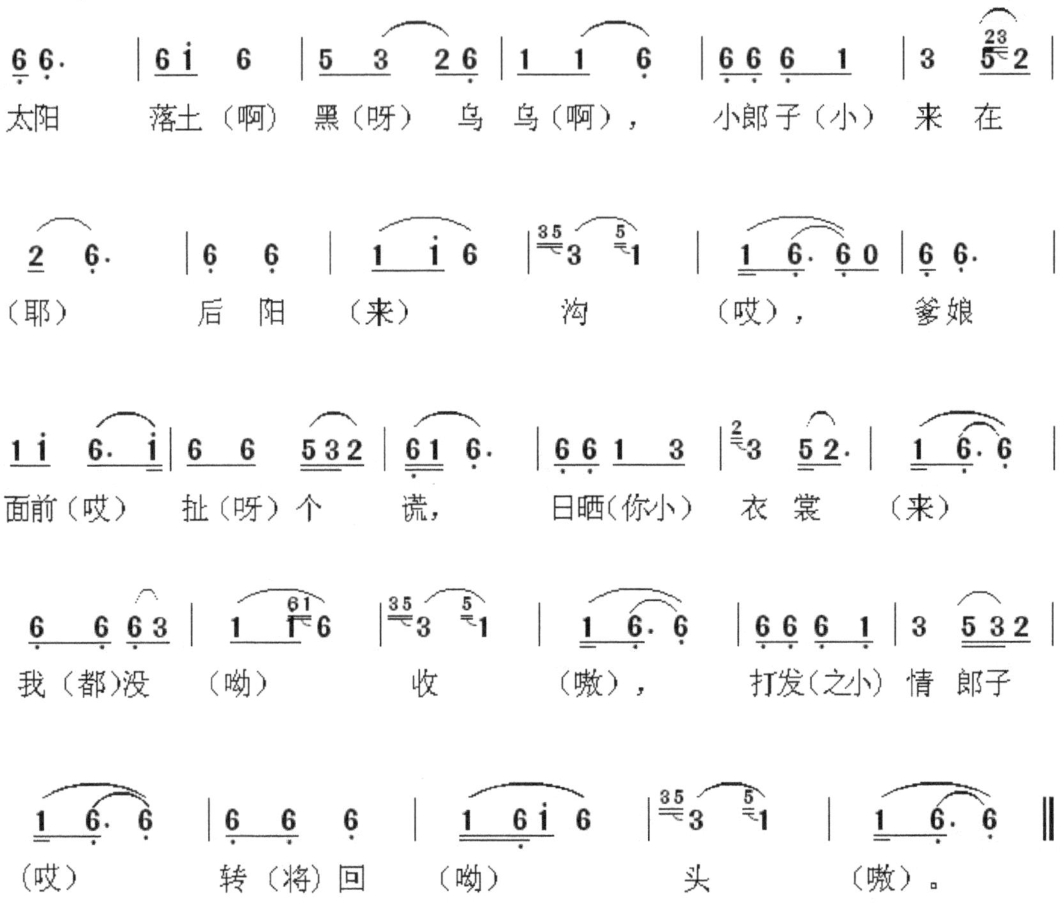

新打龙船下江河

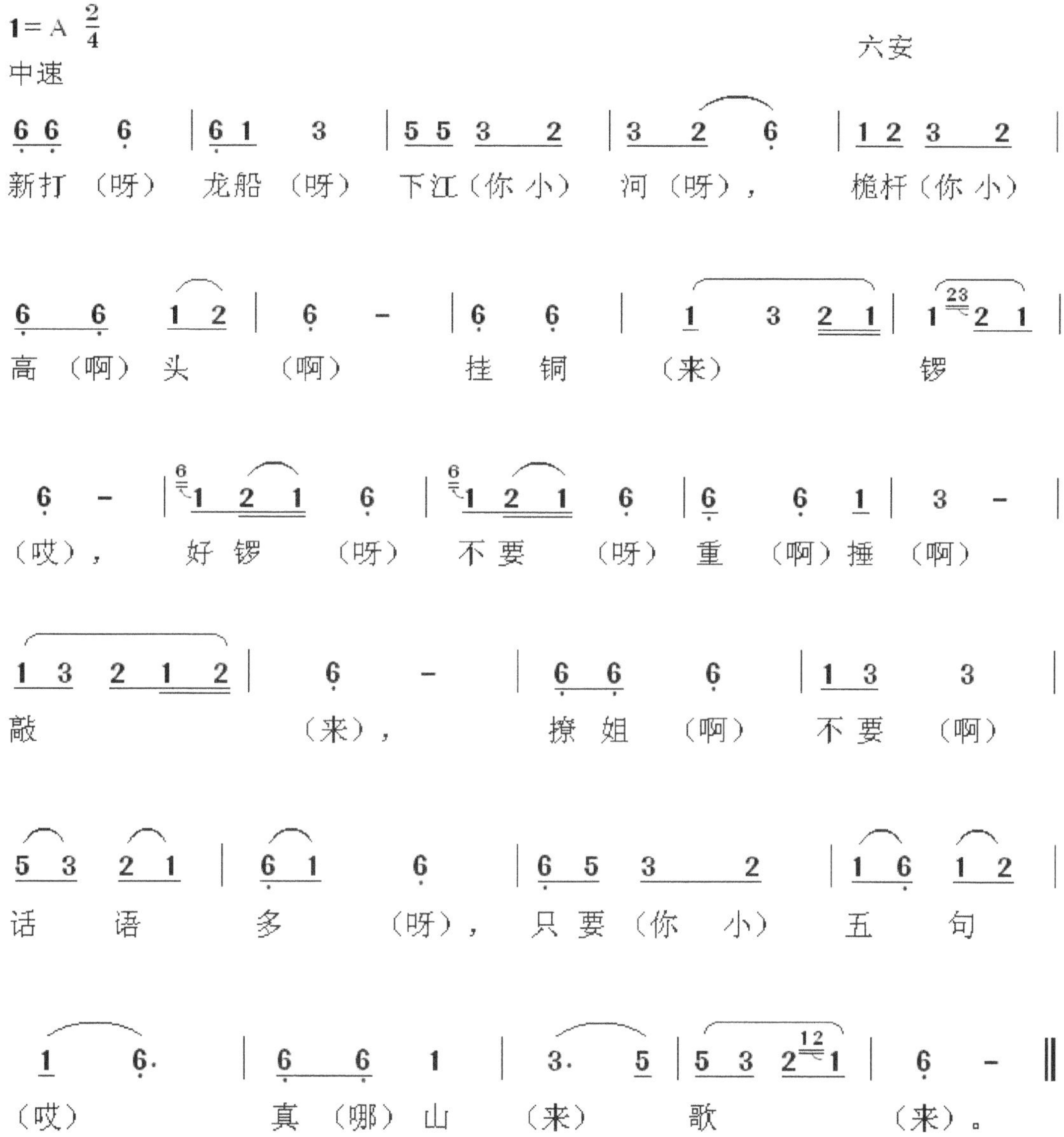
1=A 2/4
中速
六安
新打（呀）龙船（呀）下江（你小）河（呀），桅杆（你小）
高（啊）头（啊）挂铜（来）锣
（哎），好锣（呀）不要（呀）重（啊）捶（啊）
敲（来），撩姐（啊）不要（啊）
话语多（呀），只要（你小）五句
（哎）真（哪）山（来）歌（来）。

大横山山歌

霍邱

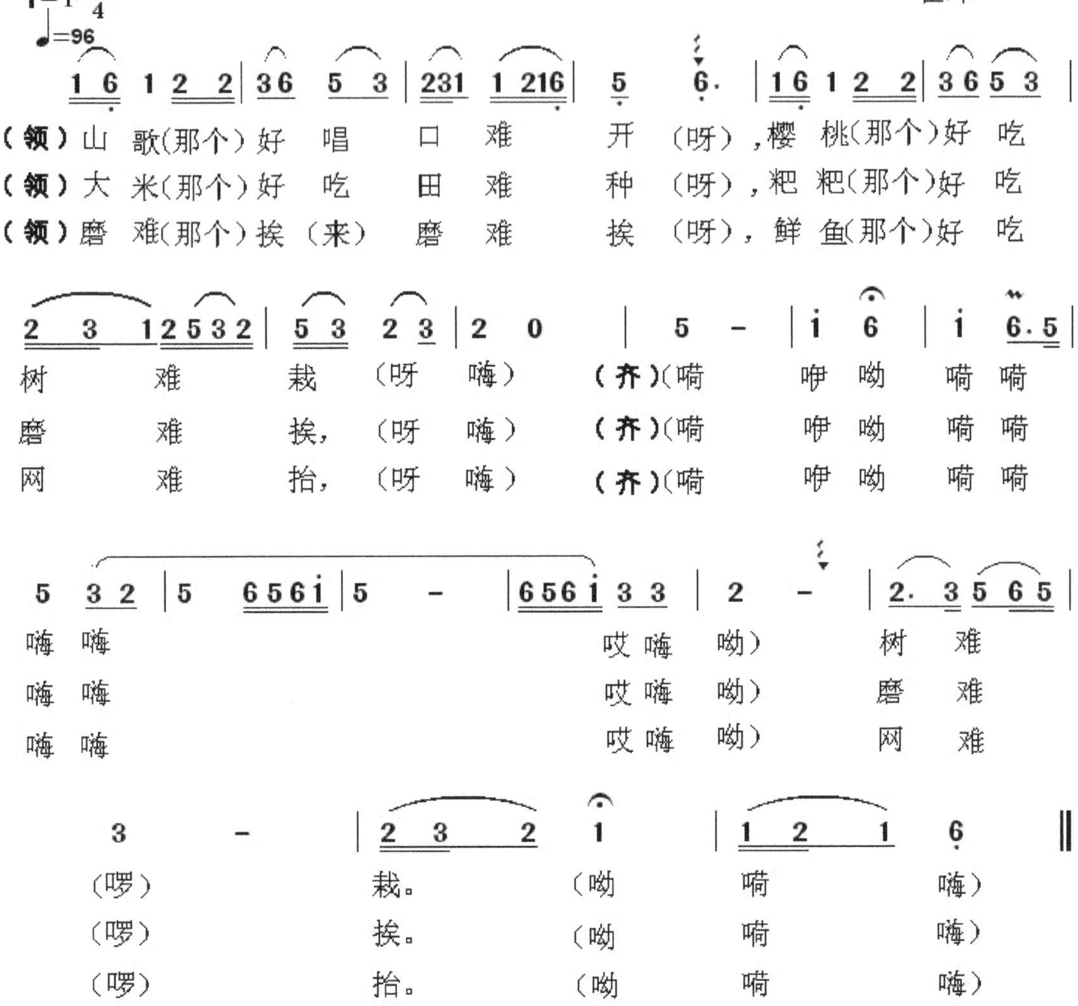
1=F 2/4
♩=96
（领）山歌(那个)好唱口难开（呀），樱桃(那个)好吃树难栽（呀嗨）
（领）大米(那个)好吃田难种（呀），粑粑(那个)好吃磨难挨，（呀嗨）
（领）磨难(那个)挨（来）磨难挨（呀），鲜鱼(那个)好吃网难抬，（呀嗨）
（齐）(嗬咿呦嗬嗬嗨嗨哎嗨呦）树难（啰）栽。（呦嗬嗨）
（齐）(嗬咿呦嗬嗬嗨嗨哎嗨呦）磨难（啰）挨。（呦嗬嗨）
（齐）(嗬咿呦嗬嗬嗨嗨哎嗨呦）网难（啰）抬。（呦嗬嗨）

对歌（一）

金寨

1＝C $\frac{2}{4}$

对歌（二）

金寨

1＝A $\frac{2}{4}$

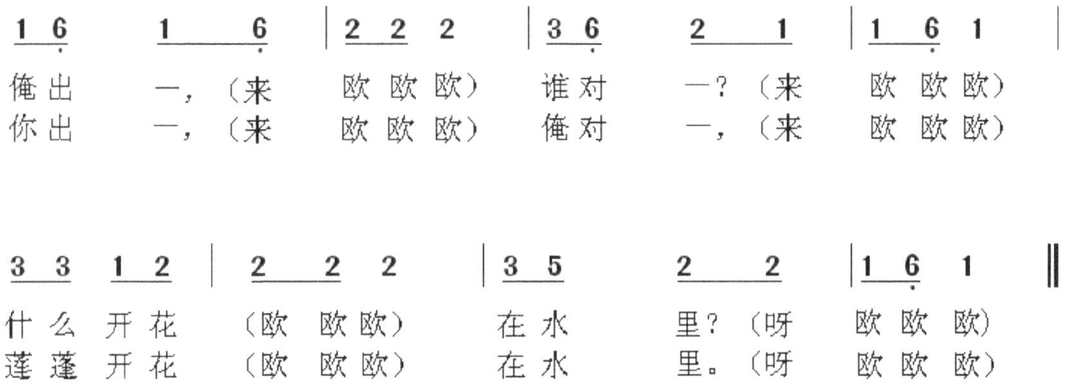

注：“欧欧欧”以手指或拳头敲击咽喉唱出

对 歌（三）

1=D $\frac{4}{8}$ $\frac{3}{8}$

金寨

对 歌（四）

1=D $\frac{2}{4}$

六安

对 歌（五）

1＝A 2/4
六安
山里红子（哎 哟） 靠墙 栽，（哟噢 嗬） 青枝绿叶（哎 嗨）
长上 来，（呀 噢 嗬） 高头又结 毛脸 果，（哎 嗨 嗨） 下 头毛脸
没 开 开，（呀 噢 嗬） 我打歌头 你猜猜（呀 噢 嗬 噢噢嗨嗨 咿嗨噢）。

对 歌（六）

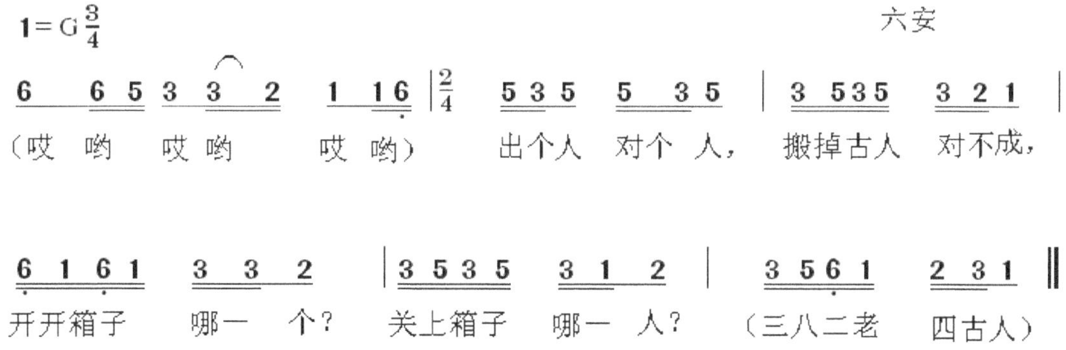
1＝G 3/4
六安
（哎 哟 哎 哟 哎 哟） 出个人 对个 人， 搬掉古人 对不成，
开开箱子 哪一 个？ 关上箱子 哪一 人？ （三八二老 四古人）

对 歌（七）

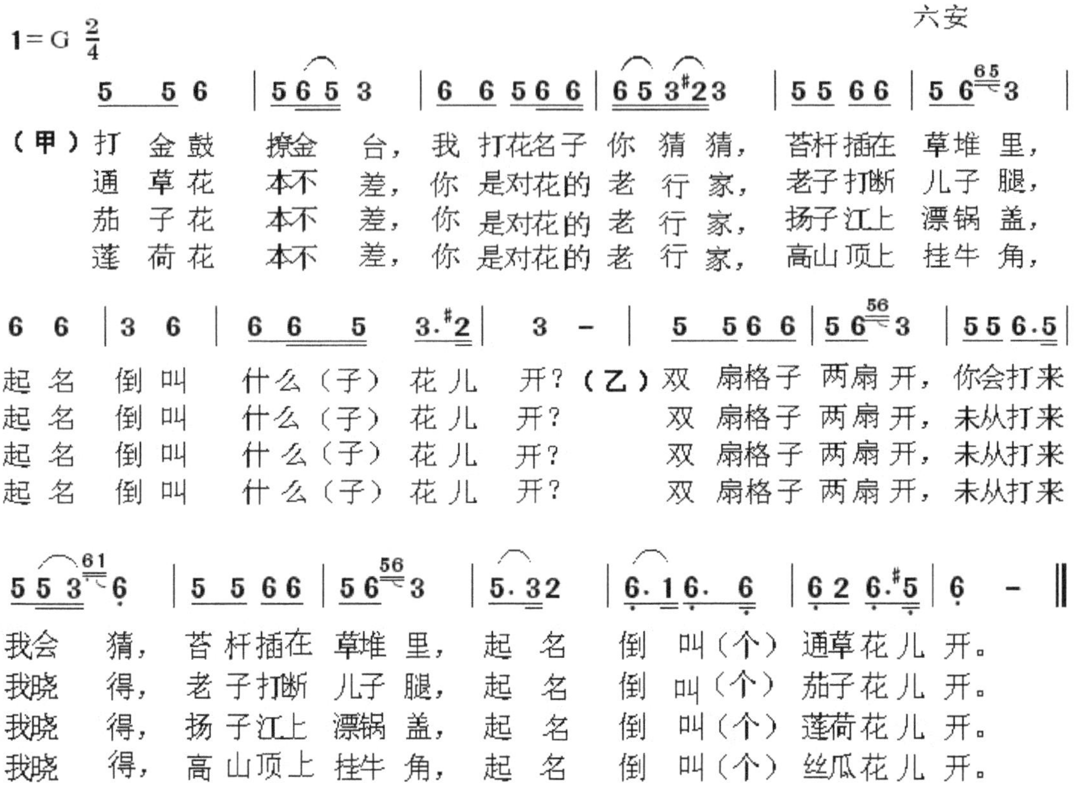
六安
1=G 2/4
（甲）打 金鼓 撩金 台，我 打花名子 你 猜 猜，苔杆插在 草堆 里，
通 草花 本不 差，你 是对花的 老 行 家，老子打断 儿子 腿，
茄 子花 本不 差，你 是对花的 老 行 家，扬子江上 漂锅 盖，
莲 荷花 本不 差，你 是对花的 老 行 家，高山顶上 挂牛 角，
起 名 倒 叫 什么（子）花 儿 开？（乙）双 扇格子 两扇 开，你会打来
起 名 倒 叫 什么（子）花 儿 开？ 双 扇格子 两扇 开，未从打来
起 名 倒 叫 什么（子）花 儿 开？ 双 扇格子 两扇 开，未从打来
起 名 倒 叫 什么（子）花 儿 开？ 双 扇格子 两扇 开，未从打来
我会 猜，苔 杆插在 草堆 里，起 名 倒 叫（个）通草花 儿 开。
我晓 得，老 子打断 儿子 腿，起 名 倒 叫（个）茄子花 儿 开。
我晓 得，扬 子江上 漂锅 盖，起 名 倒 叫（个）莲荷花 儿 开。
我晓 得，高 山顶上 挂牛 角，起 名 倒 叫（个）丝瓜花 儿 开。

排 歌（一）

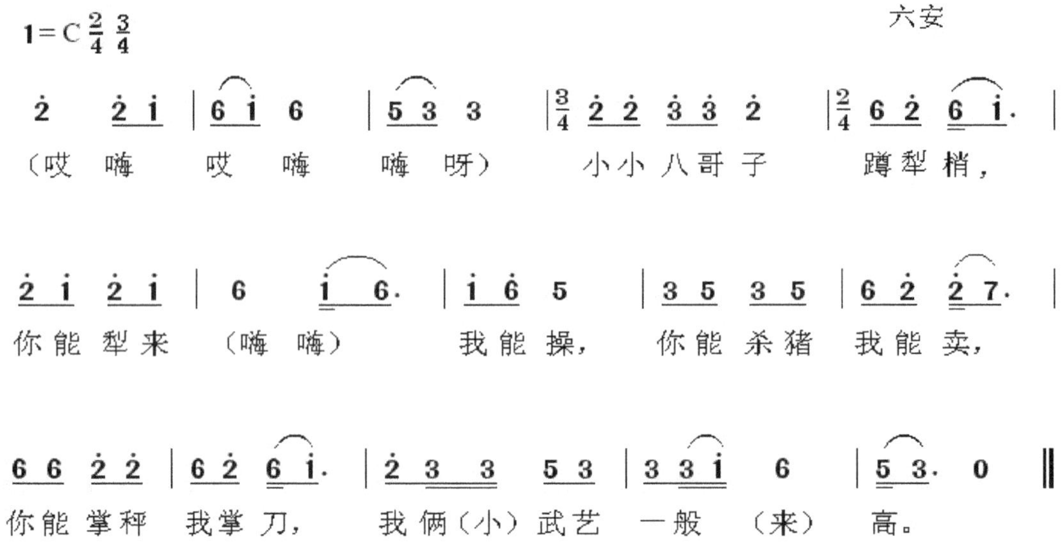
六安
1=C 2/4 3/4
（哎 嗨 哎 嗨 嗨 呀）小小 八哥 子 蹲犁 梢，
你能 犁来 （嗨 嗨） 我能 操，你能 杀猪 我能 卖，
你能 掌秤 我掌 刀，我 俩（小）武艺 一般 （来） 高。

排歌（二）

霍山

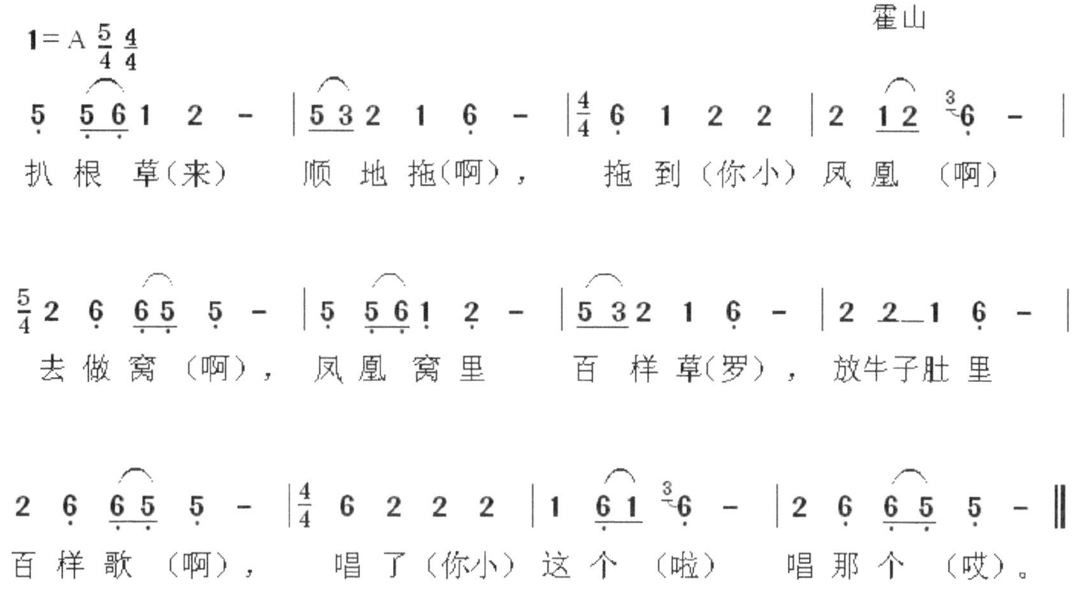

打凉蓬子

霍山

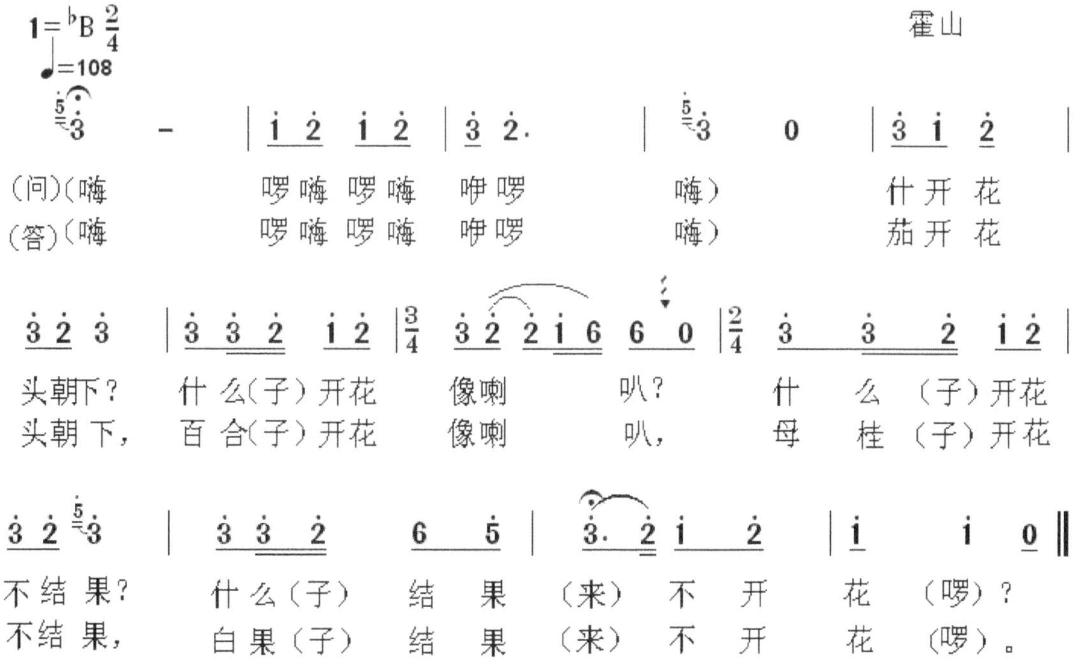

打哑谜

舒城

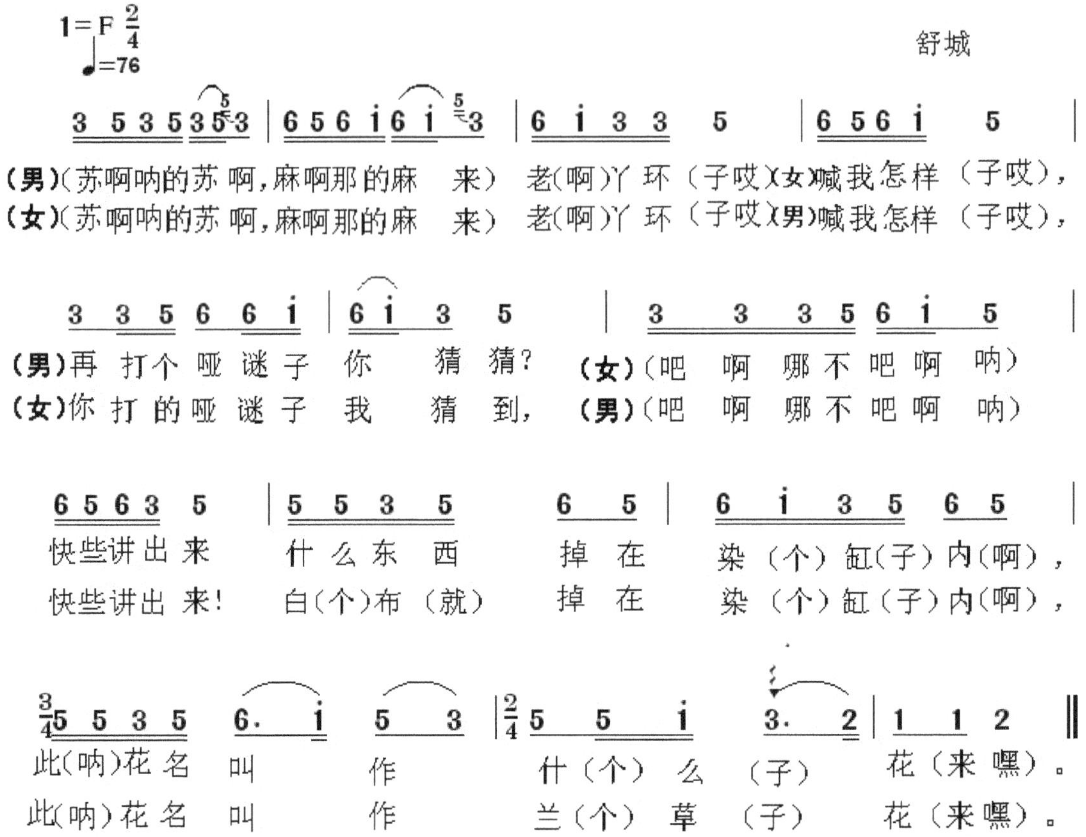
1=F 2/4
♩=76
(男)(苏啊呐的苏 啊,麻啊那的麻 来) 老(啊)丫 环(子哎)(女)喊我怎样(子哎),
(女)(苏啊呐的苏 啊,麻啊那的麻 来) 老(啊)丫 环(子哎)(男)喊我怎样(子哎),
(男)再 打个 哑 谜 子 你 猜 猜? (女)(吧 啊 哪 不 吧 啊 呐)
(女)你 打 的哑 谜 子 我 猜 到, (男)(吧 啊 哪 不 吧 啊 呐)
快些讲出 来 什 么 东 西 掉 在 染(个)缸(子)内(啊),
快些讲出 来! 白(个)布(就) 掉 在 染(个)缸(子)内(啊),
此(呐)花 名 叫 作 什(个) 么 (子) 花(来 嘿)。
此(呐)花 名 叫 作 兰(个) 草 (子) 花(来 嘿)。

三　皖西号子

号子又称“劳动号子”，是民歌中历史最悠久的一种体裁，它伴随劳动而产生，并与劳动节奏密切配合，用以协调动作，统一步伐和意志，释放压力，常采用“一领众和”的演唱形式。

皖西地处大别山北麓，区内有山地、丘陵，也有平原，这种多样的地貌会形成不同的生活方式，山区居民的生活中会有装卸搬运山木等劳动，那么与之对应的民歌号子就会体现出对应的劳动特色，如金寨的《装卸号子》；地势平坦的地区常会有打夯、压路号子，如六安的《压路号子》；霍邱属稻产区，在农事活动中会有灌溉、插秧等劳动，所以此地有《车水号子》《乖姐车水救禾苗》，寿县也有《抗旱短歌》等。相对于山歌和小调，皖西地区的劳动号子不甚丰富，流传下来的作品偏少，由于生产力的发展，机械化的运用，劳动号子失去了以往的功用，唱的人和演唱的机会大大减少，致使皖西劳动号子濒临消亡，急需人们去挽救、整理和发扬。

压路号子

乖姐车水救禾苗

车水号子

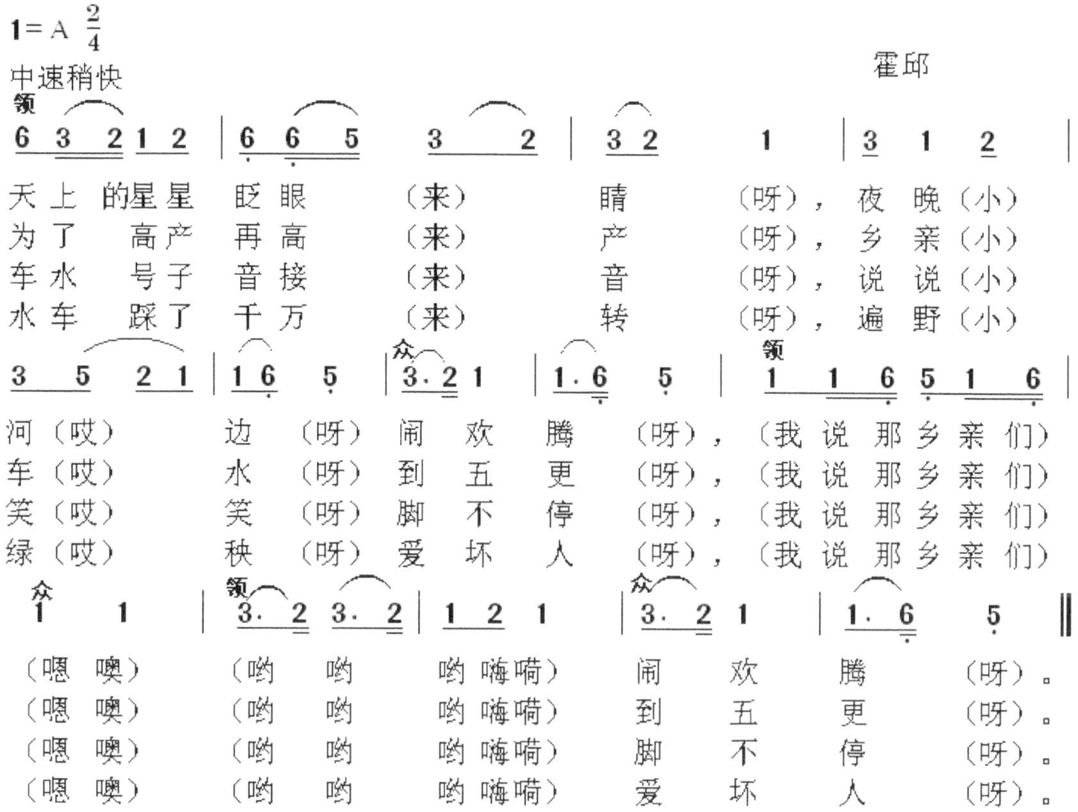
1=A 2/4
中速稍快
霍邱
领
天上的星星眨眼（来）睛（呀），夜晚（小）
为了高产再高（来）产（呀），乡亲（小）
车水号子音接（来）音（呀），说说（小）
水车踩了千万（来）转（呀），遍野（小）
众
领
河（哎）边（呀）闹欢腾（呀），（我说那乡亲们）
车（哎）水（呀）到五更（呀），（我说那乡亲们）
笑（哎）笑（呀）脚不停（呀），（我说那乡亲们）
绿（哎）秧（呀）爱坏人（呀），（我说那乡亲们）
众
领
众
（嗯噢）（哟哟哟嗨嗬）闹欢腾（呀）。
（嗯噢）（哟哟哟嗨嗬）到五更（呀）。
（嗯噢）（哟哟哟嗨嗬）脚不停（呀）。
（嗯噢）（哟哟哟嗨嗬）爱坏人（呀）。

抗旱短歌

1=C 2/4
中速
寿县
领
小小（哟）水车（你小）长又长（哟），抗旱（的小）保
白天（哟）黑夜（你小）加油干（哟），要叫（的小）河
挖出（哟）地下（你小）水泉眼（哟），社员（的小）个
众
苗（哟）（哦）力量（啊）强。
水（哟）（哦）上山（啊）岗。
个（哟）（哦）喜洋（啊）洋。

打鱼号子

霍邱

1=A $\frac{2}{4}$

中速

车水不唱瞌睡多

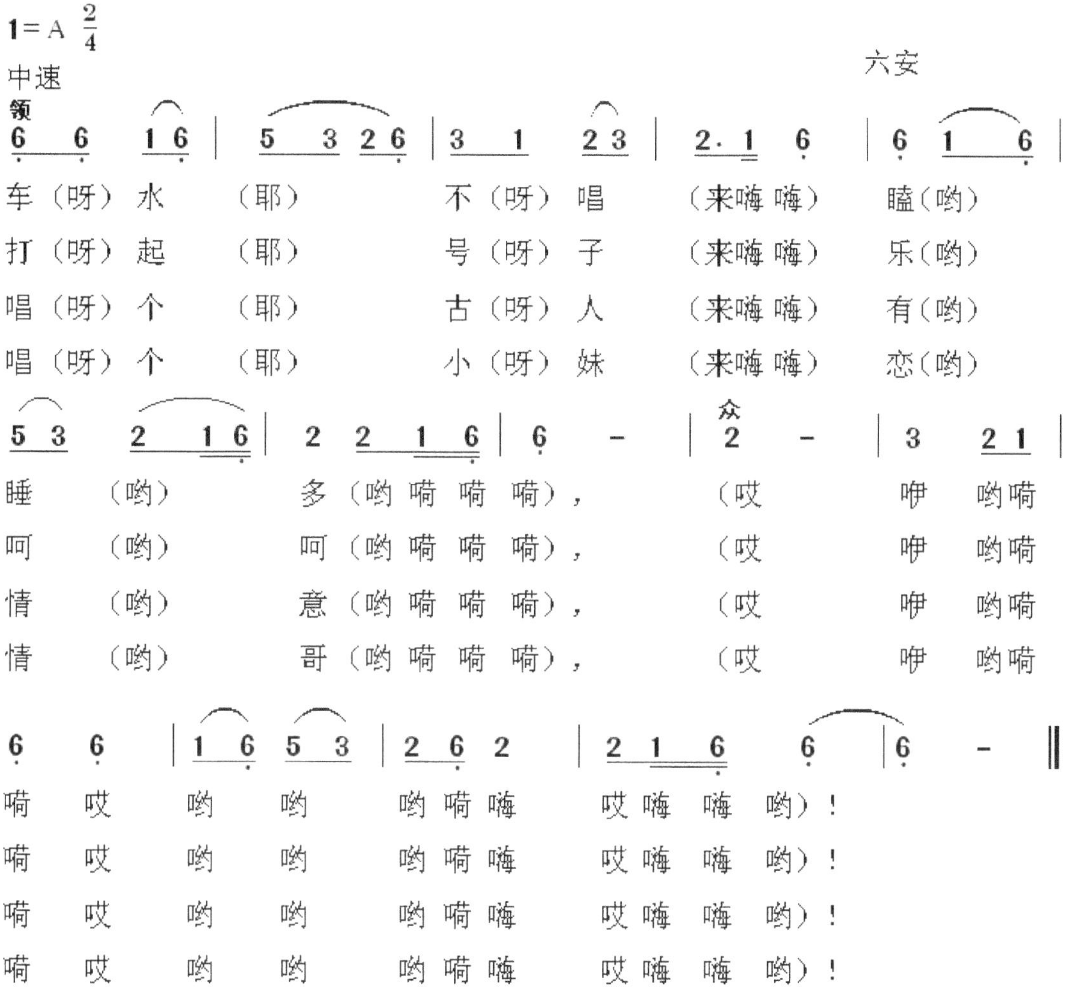
1＝A 2/4
中速
六安
领
车（呀）水（耶）不（呀）唱（来嗨嗨）瞌（哟）
打（呀）起（耶）号（呀）子（来嗨嗨）乐（哟）
唱（呀）个（耶）古（呀）人（来嗨嗨）有（哟）
唱（呀）个（耶）小（呀）妹（来嗨嗨）恋（哟）
众
睡（哟）多（哟嗬嗬嗬），（哎咿哟嗬
呵（哟）呵（哟嗬嗬嗬），（哎咿哟嗬
情（哟）意（哟嗬嗬嗬），（哎咿哟嗬
情（哟）哥（哟嗬嗬嗬），（哎咿哟嗬
嗬哎哟哟哟嗬嗨哎嗨嗨哟）！
嗬哎哟哟哟嗬嗨哎嗨嗨哟）！
嗬哎哟哟哟嗬嗨哎嗨嗨哟）！
嗬哎哟哟哟嗬嗨哎嗨嗨哟）！

四　皖西小调

小调是中国民歌的一种常见体裁，它不像山歌那样多流行于山野、田间、地头，小调一般流行于城镇集市，又称“小曲”“俚曲”“时调”等，供人们在劳动之余、茶余饭后娱乐消遣。在长期的流传过程中由于经过职业艺人与半职业艺人的加工传唱，小调在艺术上比山歌更为成熟，具有结构均衡、曲调细腻、节奏规整等特点，多属分节歌形式，歌词的格式多样，七字句、长短句、对偶句及非对偶句等形式都很常见。

小调一般可分为吟唱调、谣曲、时调三类。吟唱调是小调中最为实用的一类，如儿歌、摇篮曲、叫卖调等，乐曲简单，常用于生活中的某种实际需要。如金寨地区的《卖饺子皮》、舒城地区的《大姑娘卖饺子》。

“谣曲”比“吟唱调”更为成熟，可分为诉苦歌、情歌、生活歌、嬉游歌等，乐段结构完整，节拍规范，篇幅短小，如“对花调”“长工调”“五更调”“妇女诉苦歌”等。流行于皖西地区的谣曲有金寨地区的《绣五更》《劝五更》《等五更》《五更思郎》，以及舒城地区的《五更鼓》等五更调；金寨地区的《十二月打长工》《姐妹二人去看戏》《呀呀油》，以及舒城地区的《四季相思》、六安地区的《想郎》等谣曲，内容极其丰富。

“时调”是小调中艺术形式发展得最为成熟的一类，结构严谨，旋律规范，唱词考究，且有乐器伴奏，常被戏曲、曲艺吸收，作为唱腔中的曲牌。我国常见的时调有孟姜女调、鲜花调、绣荷包调、对花调、杨柳青调等。皖西民歌中的时调较为丰富，既有从外地传入的“茉莉花调”的变体，又有本地群众编唱，逐渐稳定流传开来的地方性小调，如金寨地区的《茉莉花》、六安地区的《对歌》《对花谜》等。

除了以上小调，皖西地区还有歌舞性小调，如《茶歌》《舒城花鼓》《秧歌灯》等，这些小调风格朴实，情真意浓，常常与本地戏曲——庐剧相融合渗透，具有很强的地方特色。

采 茶 歌

1＝A $\frac{2}{4}$
快速
六安
领
清（哪）明 采（呀）茶 茶发 青（呀儿
立（哪）夏 采（呀）茶 茶发 芽（呀儿
芒（哪）种 采（呀）茶 茶发 黄（呀儿
小（呀）暑 来（呀）到 热难 当（呀儿
哟），姐在家中绣 手 儿 巾（呐嗬 嗨）。
哟），十指尖尖采 细（儿）茶（呐嗬 嗨）。
哟），姐在家中两 头（儿）忙（呐嗬 嗨）。
哟），子茶没得头 茶（儿）香（呐嗬 嗨）。
两（哎）头 绣（呃）的 茶花 杂（呀儿
左（哎）手 摘（呃）茶 茶四 两（呀儿
忙（呀）到 外（呀）头 蚕又 老（呀儿
子（呀）茶 留（呀）着 卖钱 用（呀儿
哟），当中绣的采 茶（儿）人（呐嗬 嗨）。
哟），右手摘茶茶 半（儿）斤（呐嗬 嗨）。
哟），忙到家里麦 又（儿）黄（呐嗬 嗨）。
哟），头茶留着敬 茶（儿）郎（呐嗬 嗨）。
摘的摘细茶（牡的牡丹花）两手攀树（呀
摘的摘细茶（牡的牡丹花）两手攀树（呀
摘的摘细茶（牡的牡丹花）两手攀树（呀
摘的摘细茶（牡的牡丹花）两手攀树（呀

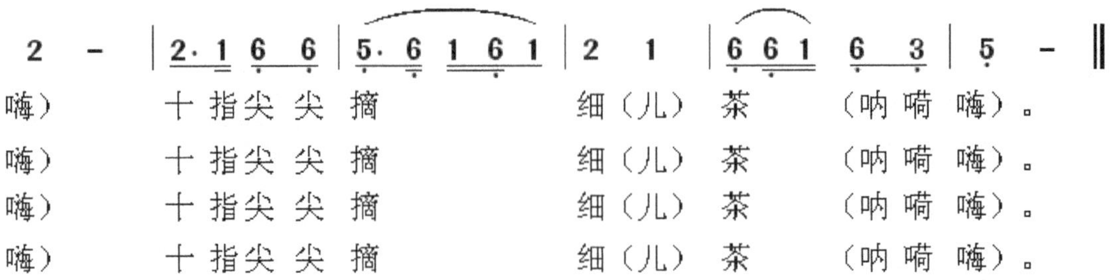

手扶栏杆

1=G $\frac{2}{4}$　　舒城

中速

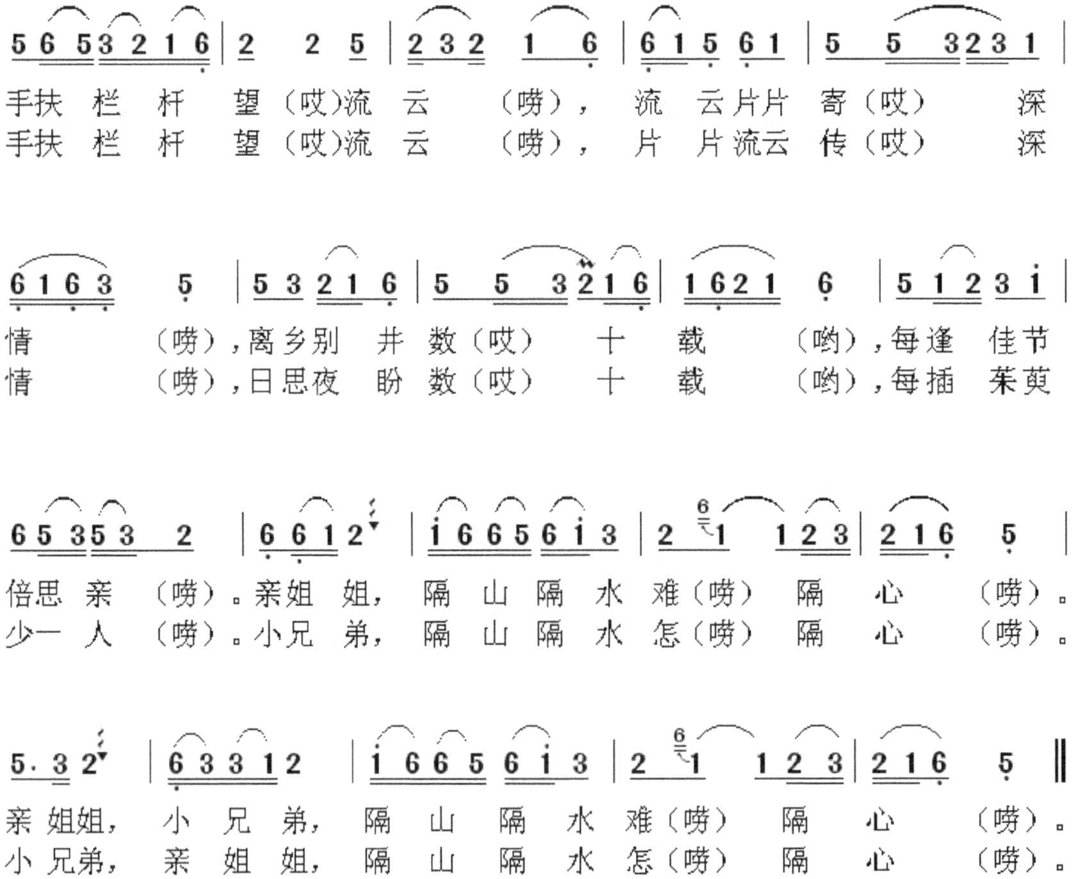

卖 茅 柴

1=D $\frac{2}{4}$ 舒城

中速

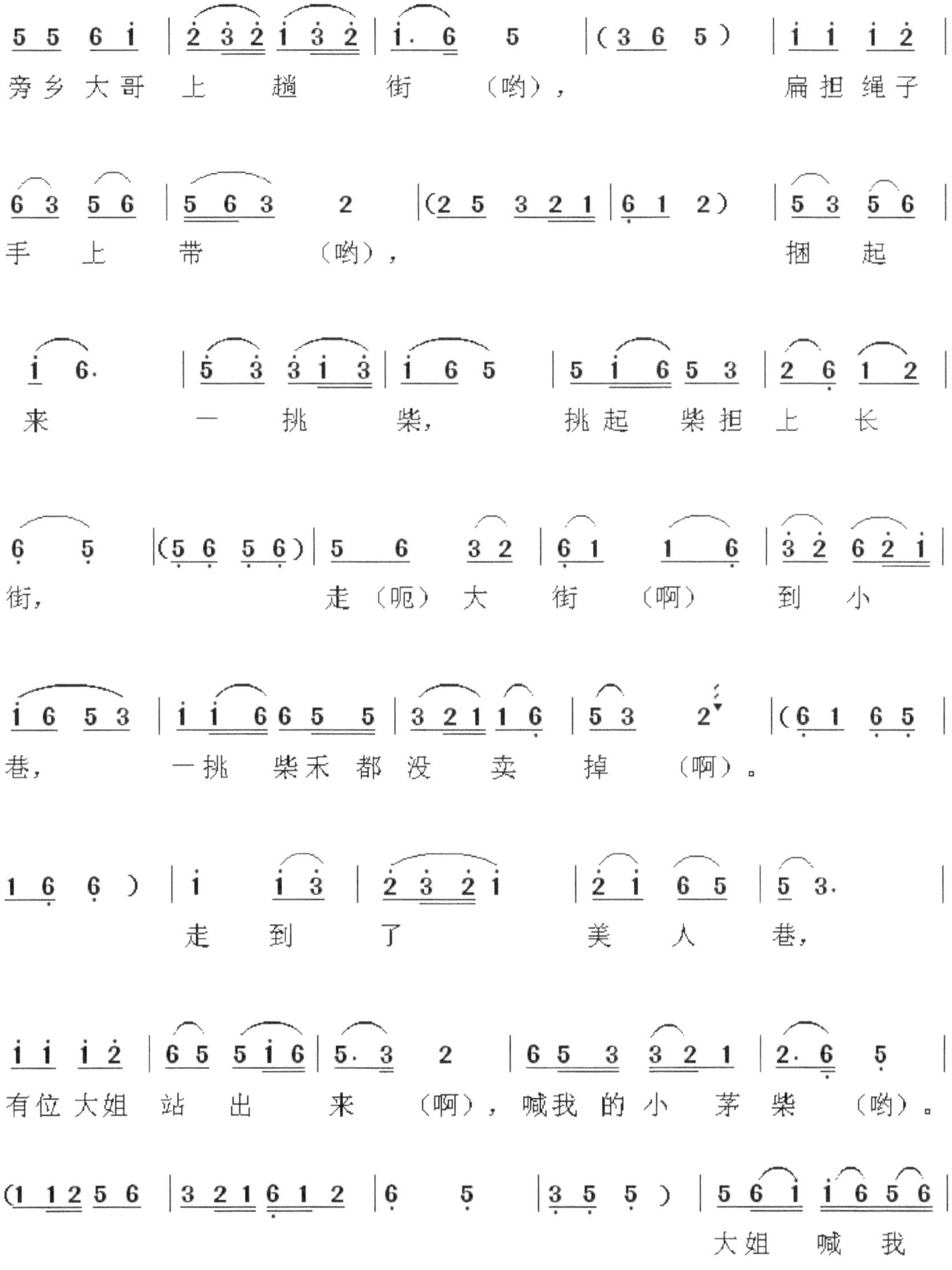

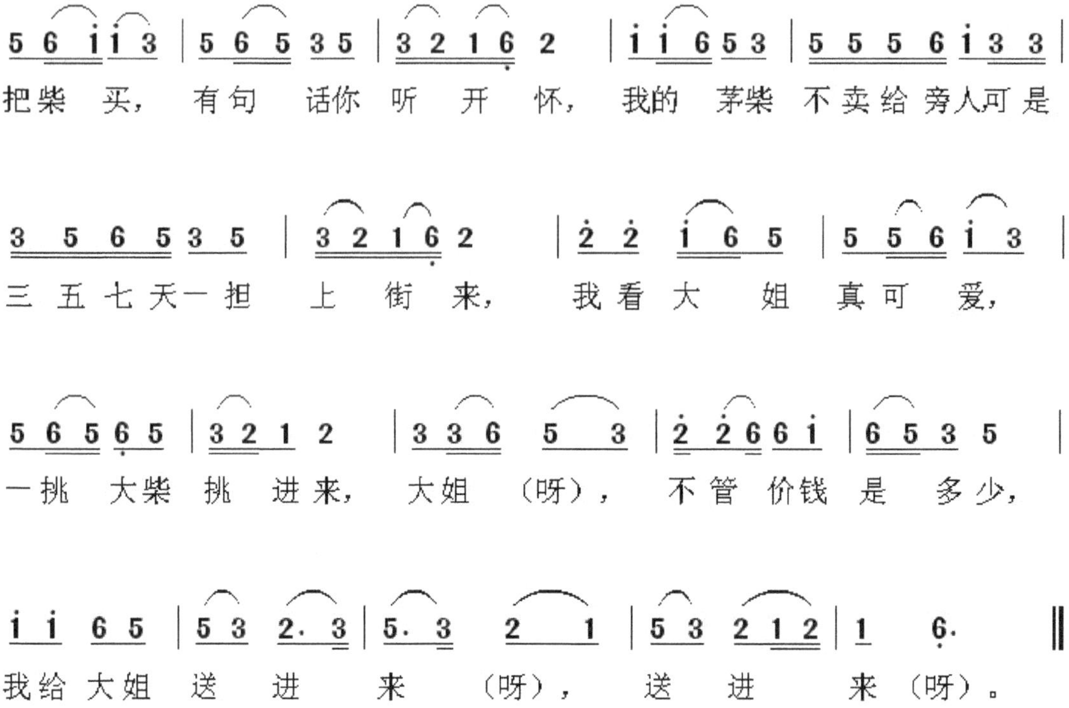

姐在园里打香椿

1=A $\frac{2}{4}$

金寨

中速

6．揿掉（哟）大门（哟）三（来）簧（来）锁（喏），踢掉（唠）后门石秸撑，不走（乃）那三（哎）门。
7．挑掉（哟）院子（哟）蒙（来）天（来）网（喏），割断（唠）烟囱套头绳，撞掉（乃）铁窗（哎）棂。
8．不怕（哟）大板（哟）石（来）灰（来）印（喏），大踏（唠）一步上床挺，抱住（乃）双响（哎）铃。

卖　鲜　花

1＝A $\frac{2}{4}$　　金寨

中速稍快

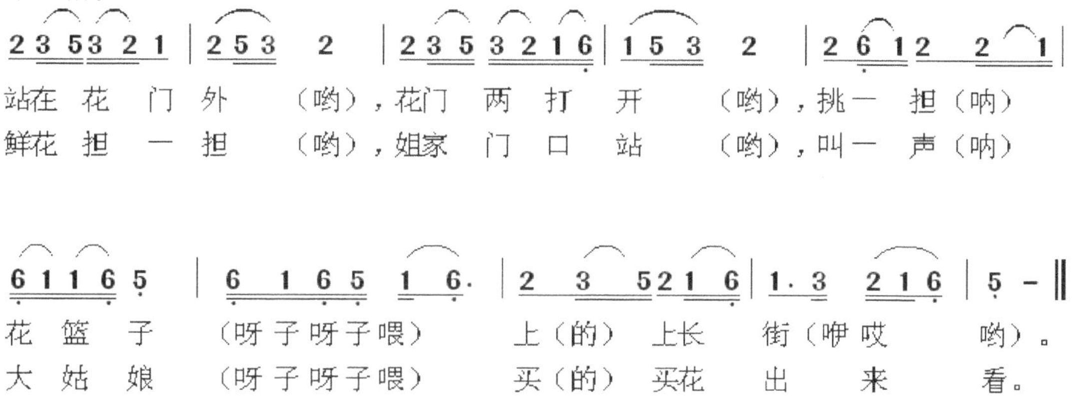

梳 洗 打 扮 去 看 戏

（呀呀油调）

1＝A $\frac{2}{4}$　　金寨

快速

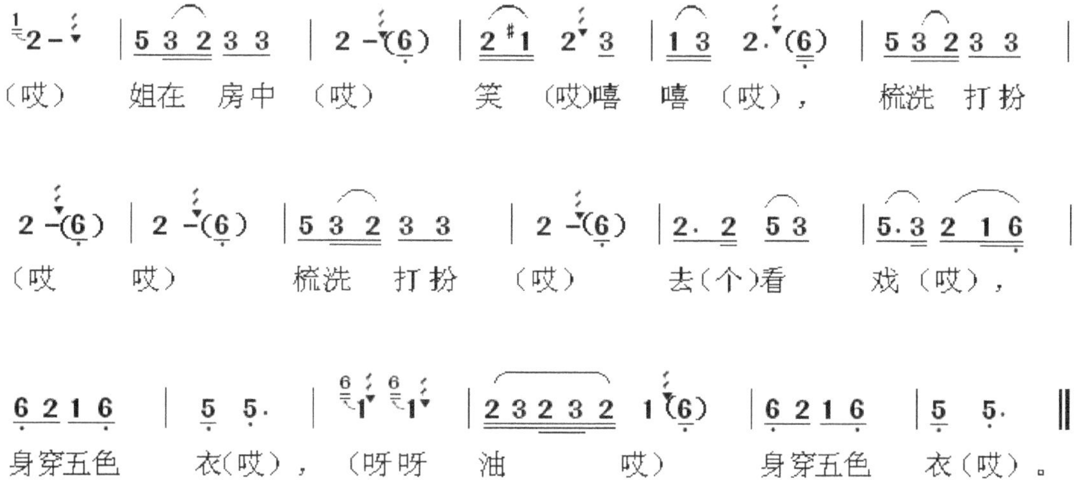

绣五更

1=A $\frac{2}{4}$
♩=72

金寨

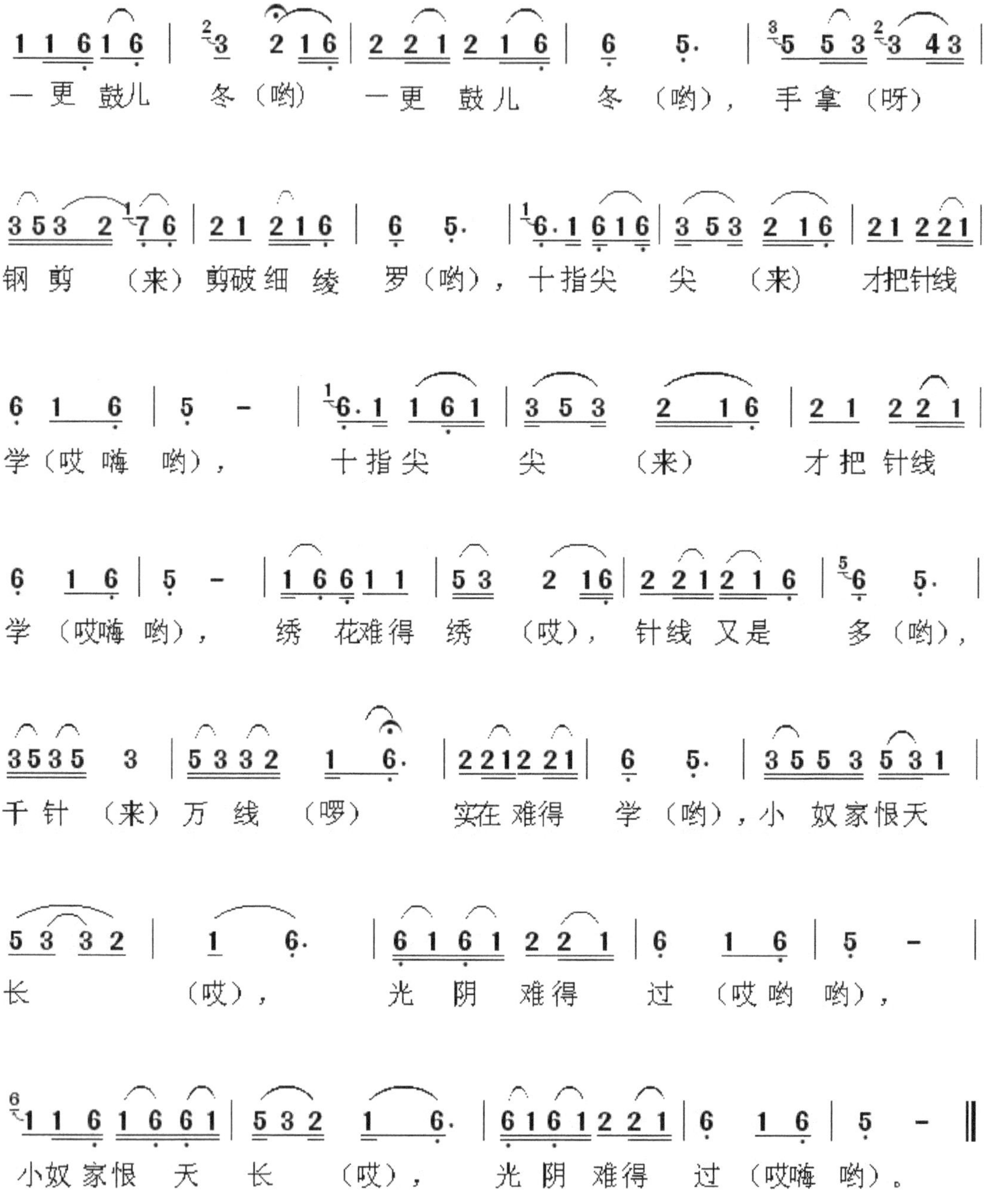

五更鼓

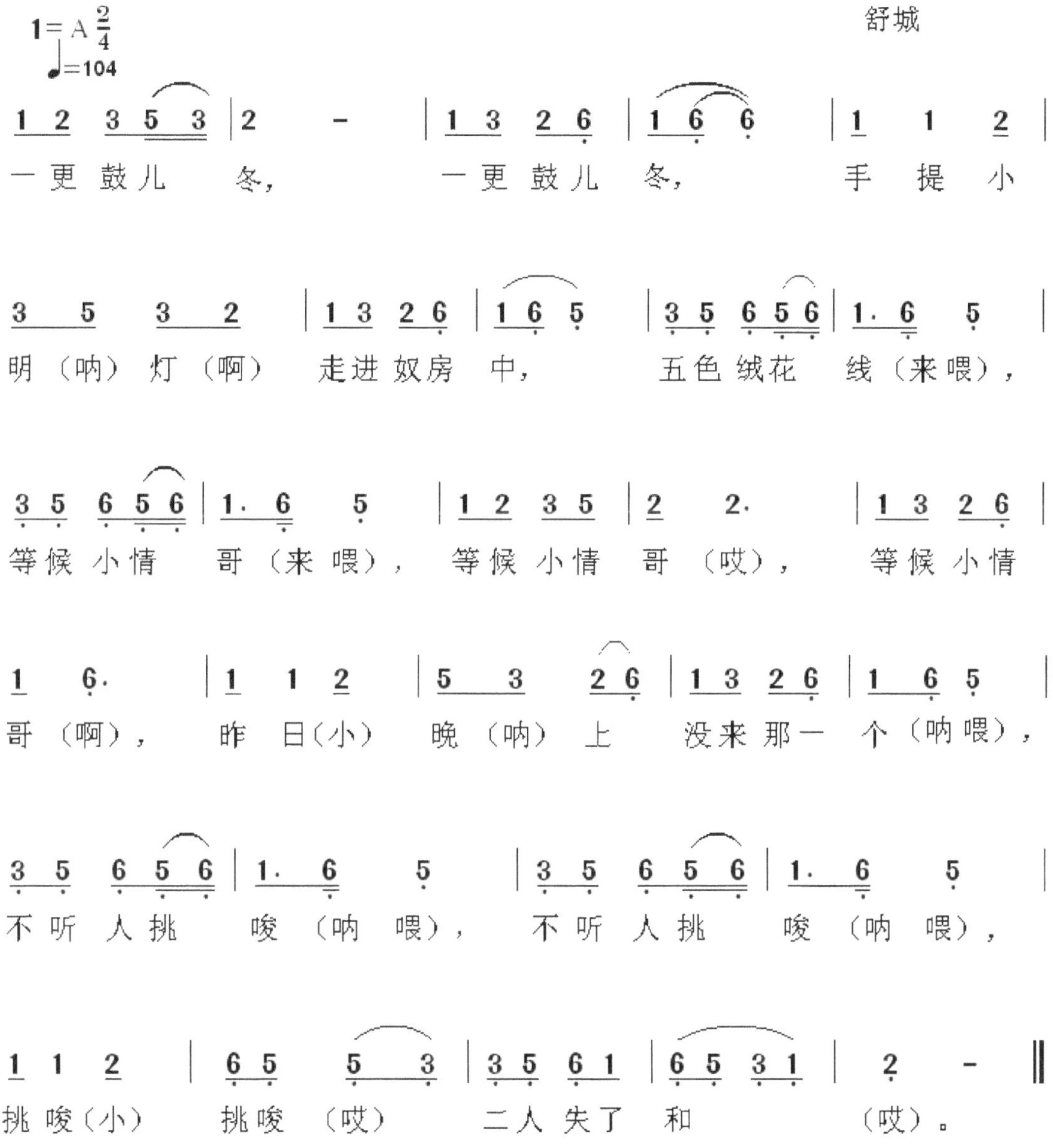

注：“没”字读“妹”字音，“不”字读“摆”字音

劝五更

1=A $\frac{2}{4}$

金寨

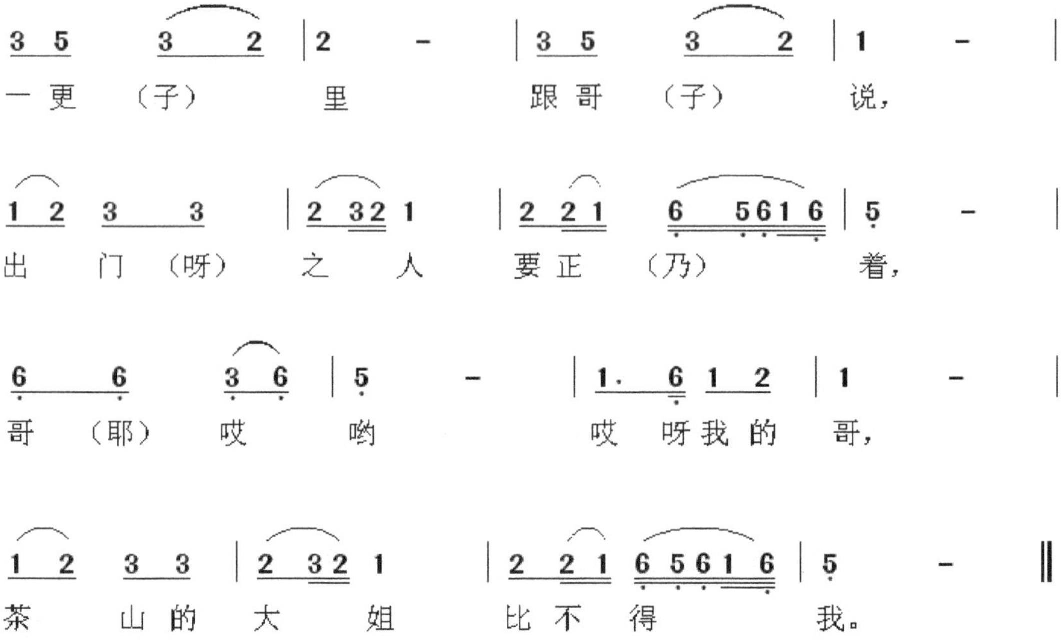

注：“正着”，当地方言，意即正经

五更送郎

1=G $\frac{2}{4}$

金寨

中速稍快

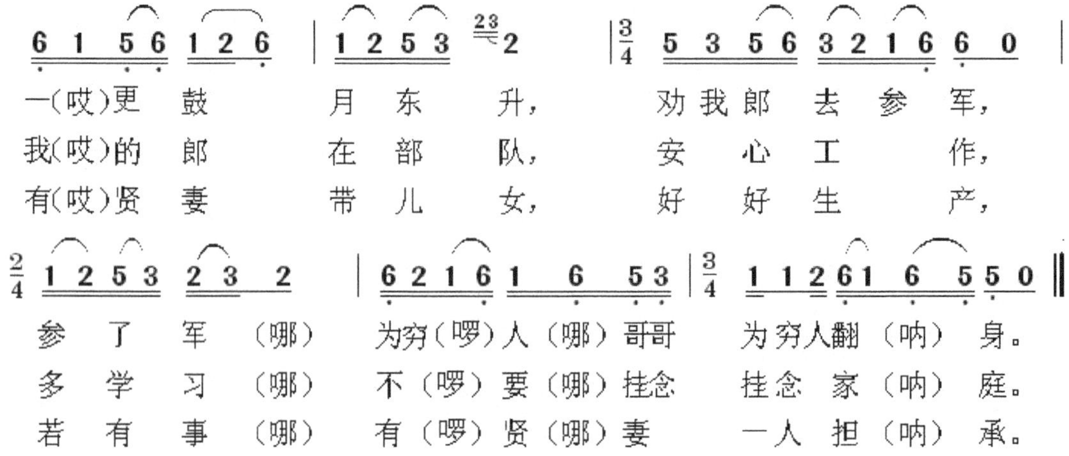

三月杨柳青

1=C $\frac{2}{4}$
中速

金寨

5 5 3 5 | 6 6 3̇ 2̇ 3̇ 2̇ 1̇ | 6 1̇ 6 1̇ 5. 3̇ |

三月（呀）里来（个）杨柳青（来哎哟），
上身（呀）穿的（个）凤鸟衣（来哎哟），
左边（呀）端的（个）莲花伞（来哎哟），
不觉（呀）走来（个）不觉行（来哎哟），

5. 1̇ 6 1̇ 6 5 | 5 3 2 | 5 3 5 3 1 | 2 - ‖

梳头打扮（子哎哎哟）去游春（啰）。
下身穿的（子哎哎哟）桂花裙（啰）。
右边端的（子哎哎哟）花手巾（啰）。
不觉到了（子哎哎哟）杏花村（啰）。

八段锦

1=D $\frac{2}{4}$
中速稍快

金寨

1̇ 6 5 | 1̇ 6 5 | 3 5 6 1̇ | 5 - | 5 6 1̇ |

小小鲤鱼是红腮，上江

6 5 3 | 3 2 3 5 3 2 | 1 - | 3. 5 6. 1̇ | 5 3 5 |

游到下（是）下江来，头动尾巴摆，

3. 5 6 1̇ | 5 3 5 | 5 6 1̇ 2̇ | 6 1̇ 6 5 3 | 3 2 3 5 3 2 |

头动尾巴摆，小小金钩钓上你起

1 - | 5 6 1̇ 2̇ | 6 1̇ 6 5 3 | 3 2 3 5 3 2 | 1 - ‖

来，不为冤家不钓你起来。

2. 小小仙鹤一点红，一程飞在半天空，张生打弹弓，红娘一见搂在怀中，人到此处为何不相逢。

3. 小小镜子四方方，未曾买来有心送才郎，有心送才郎，送予才郎揣在你身上，想起妹妹拿过镜子望。

4. 小小手巾四方方，未曾买来有心送才郎，有心送才郎，撒上花露揣在郎身上，想起妹妹闻闻手巾香。

5. 小小绣鞋三寸长，未曾绣起有心送才郎，有心送才郎，送予才郎揣在你身上，想起妹妹观看绣鞋样。

6. 小小紫竹细苗条，欲与我郎雕上一只萧，我郎会吹箫，春吹荷花夏吹相思调。

7. 小小明月照高楼，照着高楼令人愁，我郎在荆州，荆州荷花头对头。

8. 小小尼姑下山来，手捧木鱼子化长斋，去化长斋，一不化米，二不化财，不为冤家不到你家来。

八　恨

1= A $\frac{2}{4}$

中速 稍快

金寨

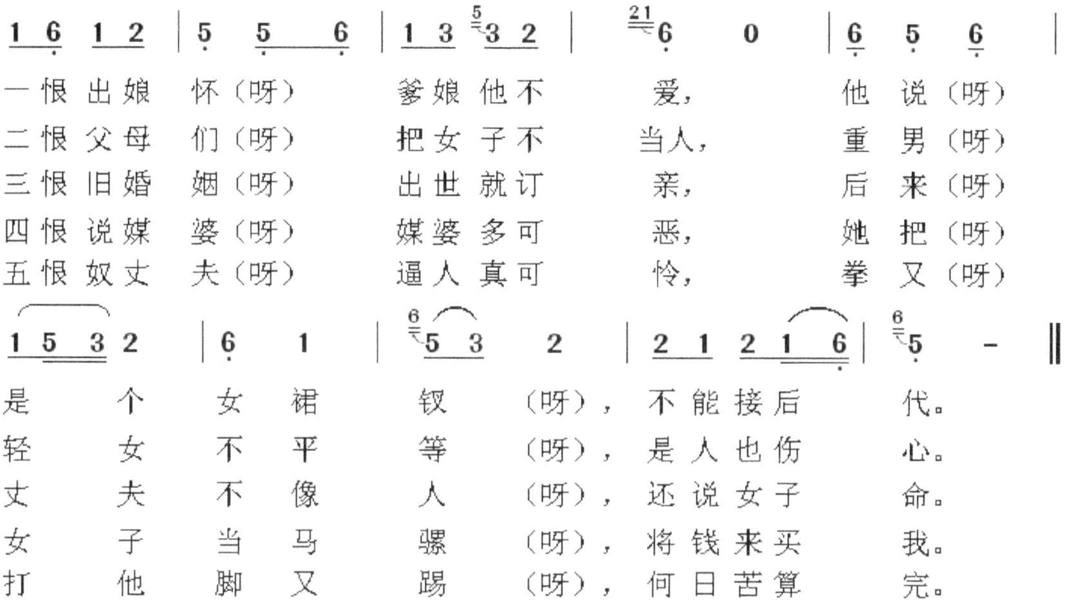

6．六恨头戴花（呀），又把油来抹，胭脂（呀）红粉满脸搽（呀），实在无身价。

7．七恨来缠脚（呀），妇女多受蹂，百样（呀）生活不能做（呀），路也不能走。

8．八恨旧礼教（呀），束缚女同胞，三从（呀）四德多么难熬（呀），好比铁笼牢。

歌唱立夏节暴动

1=F 2/4
中速稍快
金寨
五月六日真光荣，工农兵士齐暴动，大别山上出太阳，（哎嗨哟）鄂豫皖苏区红彤彤。
工农兵士齐暴动，占领丁埠火德宫，三十二师周维炯，（哎嗨哟）红旗招展真英雄。
占领丁埠火德宫，革命势力如潮涌，南征北战捉反动，（哎嗨哟）穷苦工农喜融融。
大别山上出太阳，革命历史第一章，工农士兵打天下，（哎嗨哟）建设新社会乐无穷。

革命潮流高潮起

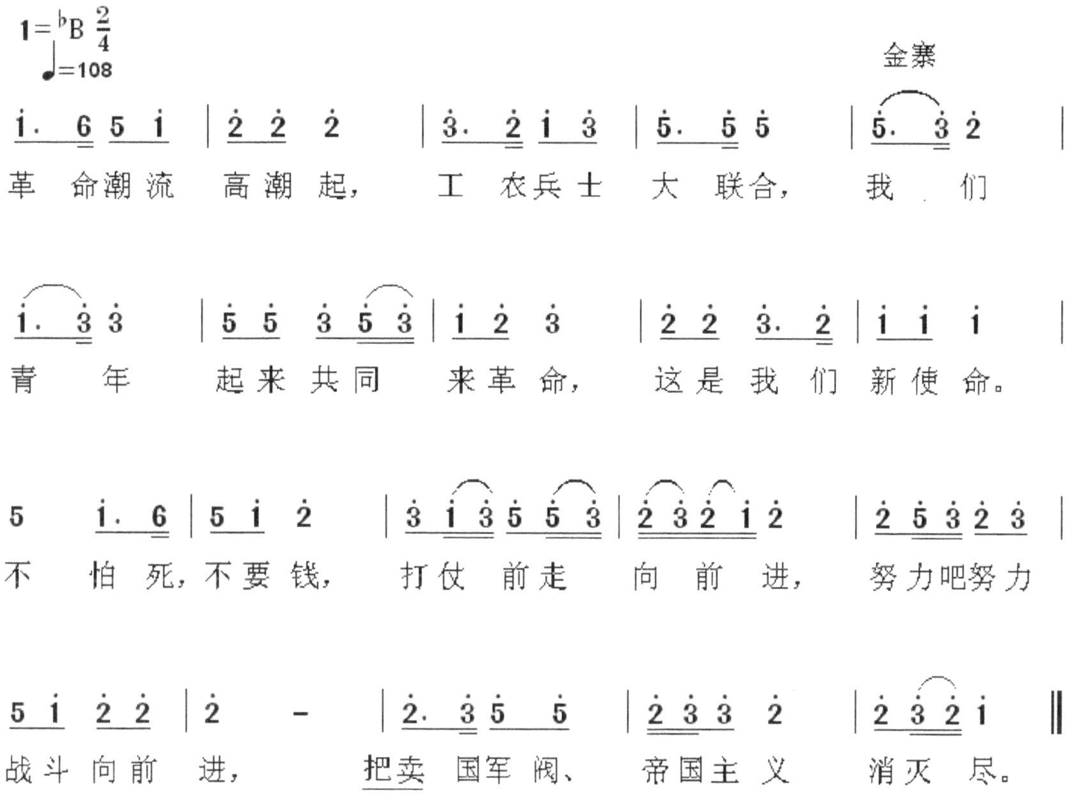
1=♭B 2/4
♩=108
金寨
革 命潮流 高潮 起， 工 农兵士 大 联合， 我 们
青 年 起来共同 来革 命， 这是 我 们 新使 命。
不 怕 死，不要 钱， 打仗 前走 向 前 进， 努力吧努力
战斗 向前 进， 把卖 国军 阀、 帝国主 义 消灭 尽。

梅花曲

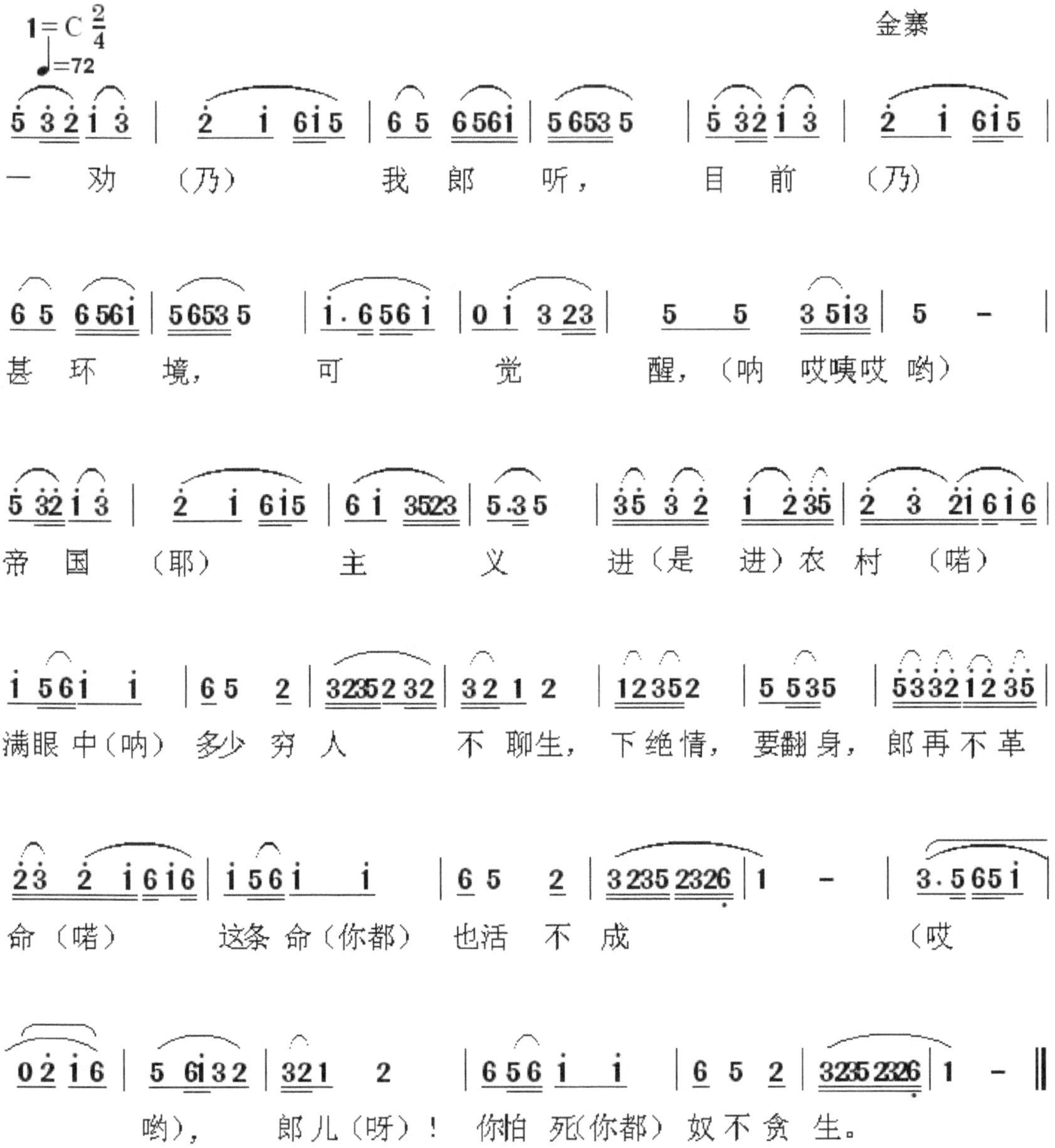
1=C 2/4
♩=72
金寨
一 劝 （乃） 我 郎 听， 目 前 （乃）
甚 环 境， 可 觉 醒，（呐 哎咦哎 哟）
帝 国 （耶） 主 义 进（是 进）农 村 （啱）
满眼 中（呐） 多少 穷 人 不 聊生， 下 绝 情， 要翻 身， 郎 再 不 革
命（啱） 这条 命（你都） 也活 不 成 （哎
哟）， 郎 儿（呀）！ 你怕 死(你都) 奴 不 贪 生。

八月桂花遍地开

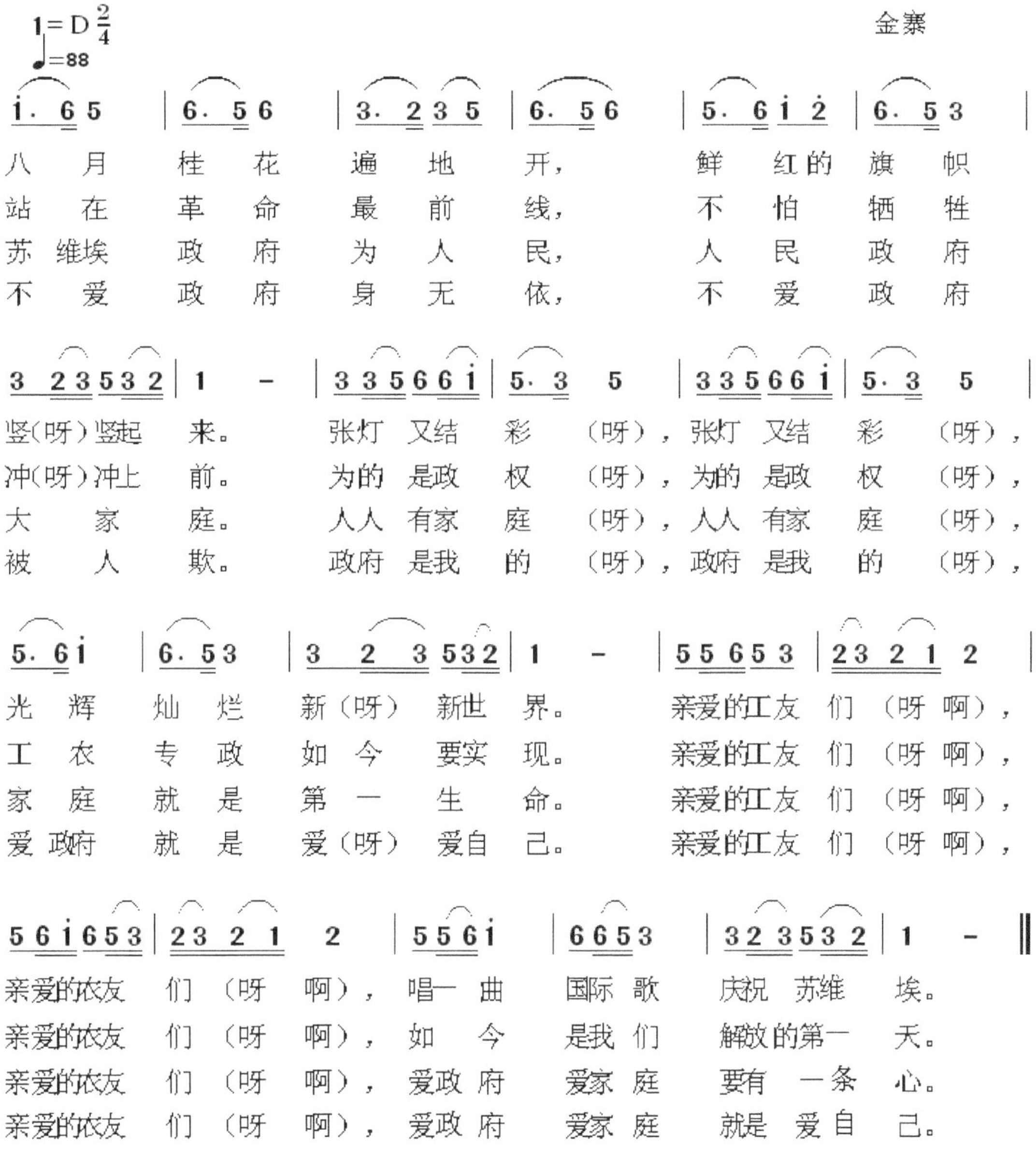
1=D 2/4
♩=88
金寨
八月桂花遍地开，鲜红的旗帜
站在革命最前线，不怕牺牲
苏维埃政府为人民，人民政府
不爱政府身无依，不爱政府
竖(呀)竖起来。张灯又结彩（呀），张灯又结彩（呀），
冲(呀)冲上前。为的是政权（呀），为的是政权（呀），
大家庭。人人有家庭（呀），人人有家庭（呀），
被人欺。政府是我的（呀），政府是我的（呀），
光辉灿烂新（呀）新世界。亲爱的工友们（呀啊），
工农专政如今要实现。亲爱的工友们（呀啊），
家庭就是第一生命。亲爱的工友们（呀啊），
爱政府就是爱（呀）爱自己。亲爱的工友们（呀啊），
亲爱的农友们（呀啊），唱一曲国际歌庆祝苏维埃。
亲爱的农友们（呀啊），如今是我们解放的第一天。
亲爱的农友们（呀啊），爱政府爱家庭要有一条心。
亲爱的农友们（呀啊），爱政府爱家庭就是爱自己。

放足歌

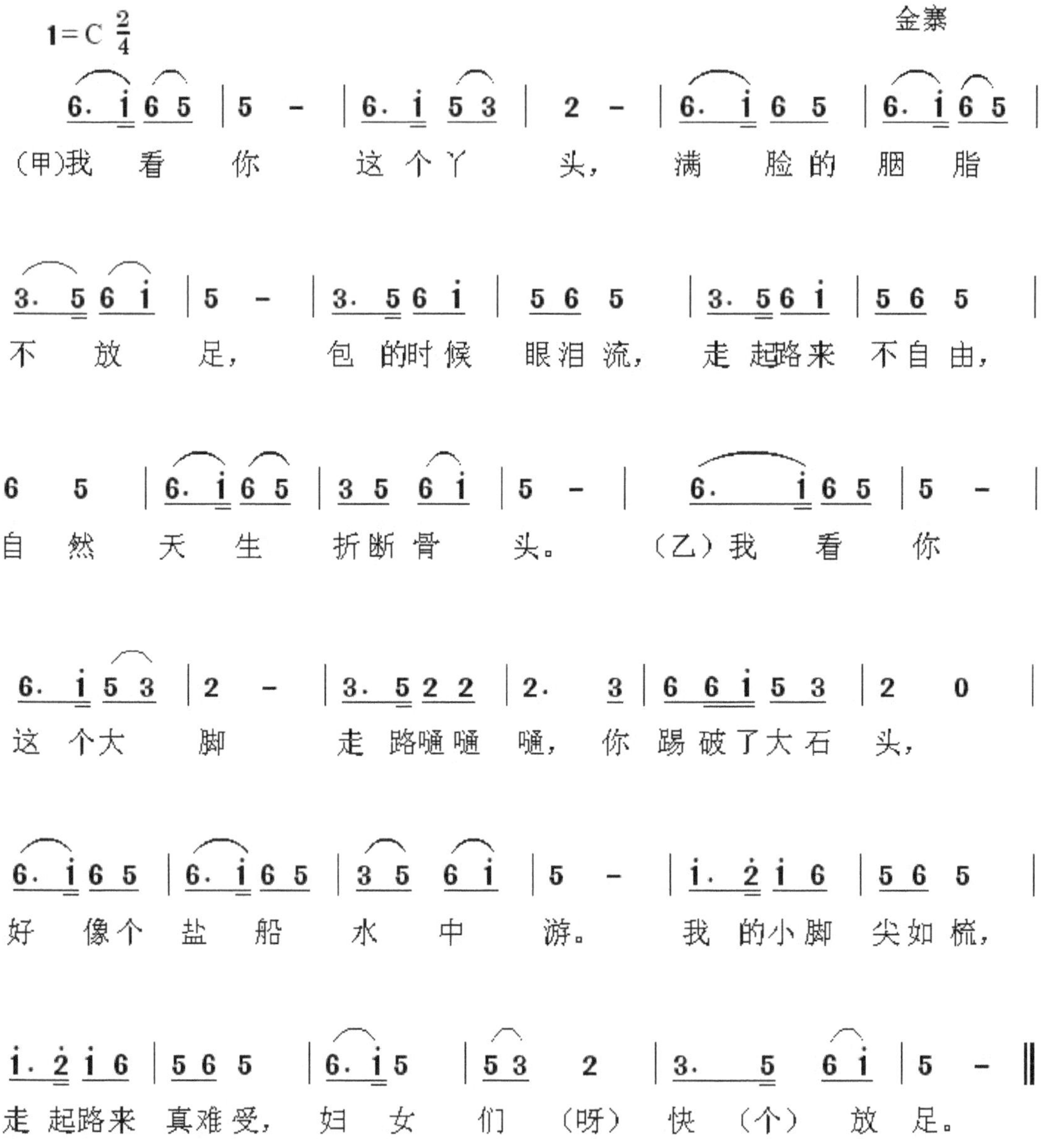
1=C 2/4
金寨
(甲)我看你这个丫头，满脸的胭脂
不放足，包的时候眼泪流，走起路来不自由，
自然天生折断骨头。（乙）我看你
这个大脚走路嗵嗵嗵，你踢破了大石头，
好像个盐船水中游。我的小脚尖如梳，
走起路来真难受，妇女们（呀）快（个）放足。

送哥当红军

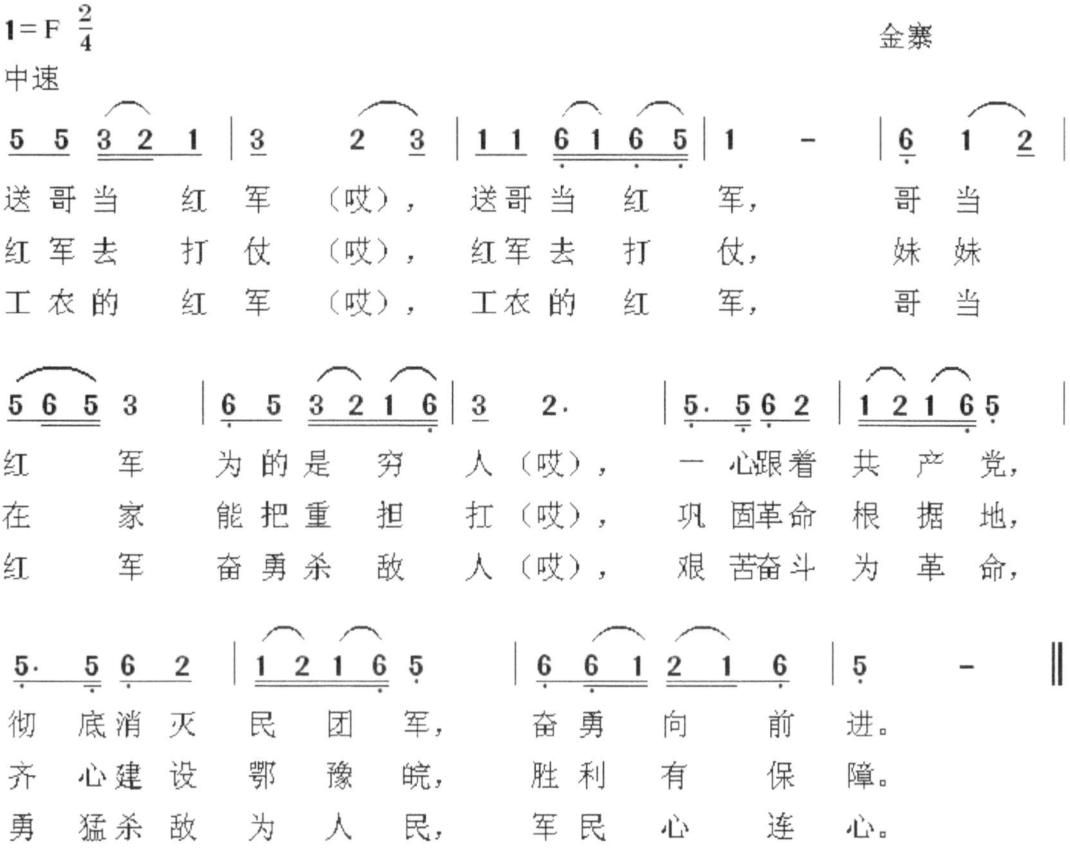
1=F 2/4
中速
金寨
送哥当红军（哎），送哥当红军，哥当
红军去打仗（哎），红军去打仗，妹妹
工农的红军（哎），工农的红军，哥当
红军为的是穷人（哎），一心跟着共产党，
在家能把重担扛（哎），巩固革命根据地，
红军奋勇杀敌人（哎），艰苦奋斗为革命，
彻底消灭民团军，奋勇向前进。
齐心建设鄂豫皖，胜利有保障。
勇猛杀敌为人民，军民心连心。

苦瓜也有变甜时

（舒城花鼓）

1=A 2/4

舒城

中速

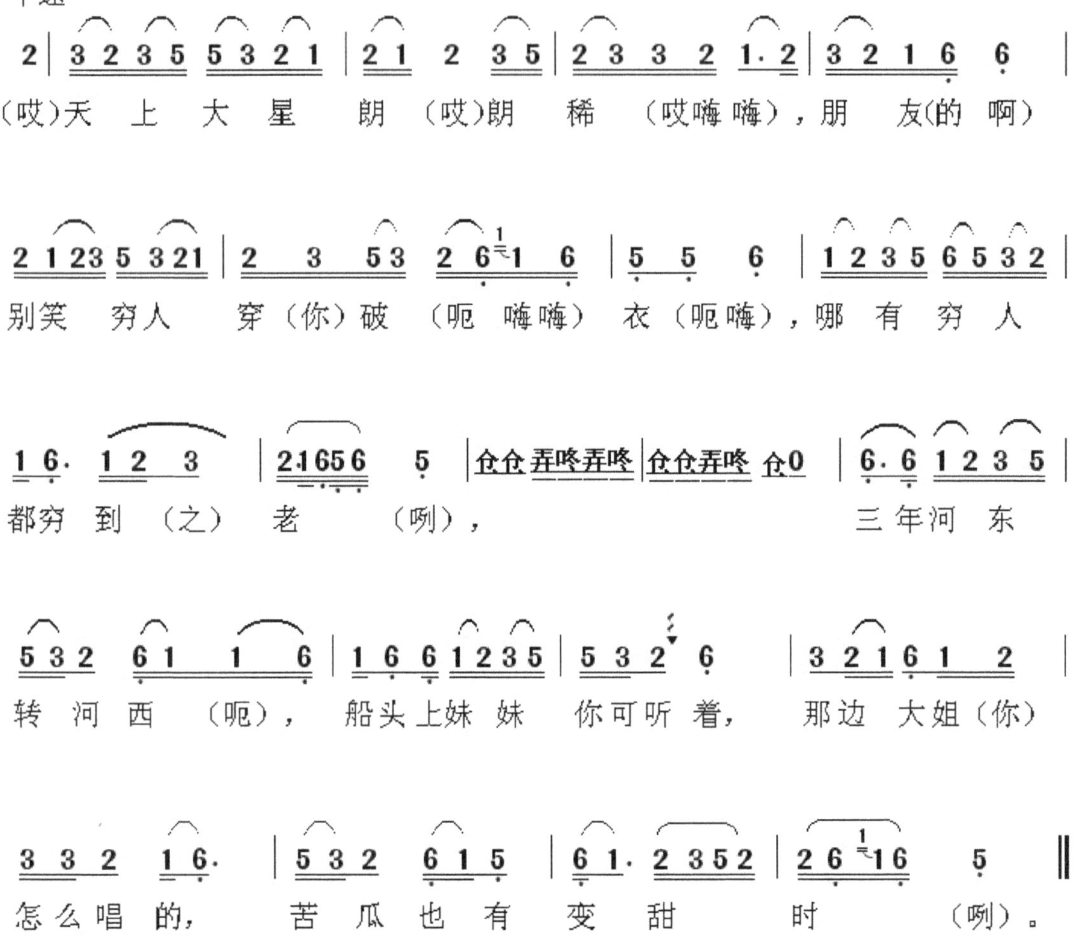

只为玩灯我才来

（舒城花鼓）

1=A 2/4

舒城

中速

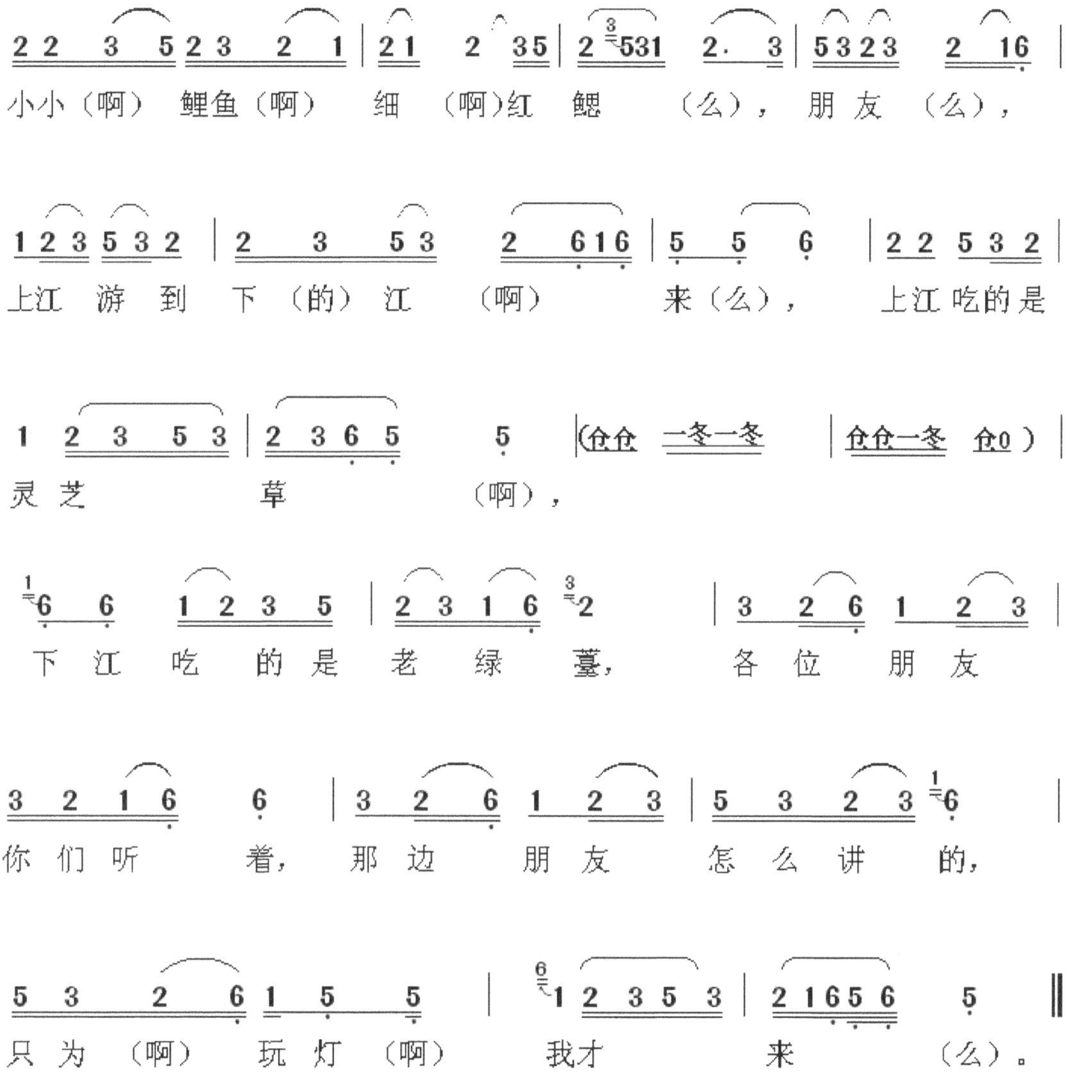

五 皖西庐剧唱腔选段

庐剧最早被称为“小戏”“小倒戏”“捣七戏”“江北戏”“小蛮子戏”“二小戏”“三小戏”“花篮戏”等，后来又被称为“倒七戏”。1955年，安徽省政府正式批准，把“安徽省倒七戏剧团”定名为“安徽省庐剧团”，因此，“倒七戏”正式被称为“庐剧”。据《六安地区志》（黄山书社1997年10月版）中的相关记载：“它（指庐剧）起源于大别山区，以大别山区和江淮之间的民间歌舞为基础发展而成”，这里的“大别山区”站在安徽的角度来讲就是皖西地区。皖西民歌种类丰富，多彩绚烂，是该区及附近区域民间音乐取之不尽的艺术源泉，尤其为庐剧唱腔提供了丰富的音乐素材，庐剧的许多曲调都来源于皖西民歌，吸收、融合了皖西民歌的艺术形式，并在其基础上加以创新。可以说，皖西庐剧就是在吸收皖西民歌及周边的湖北花鼓戏、黄梅戏、徽剧的基础上融合变化而成的。正如张紫晨在《中国民间小戏选》中所说：“我国广大农村向来是歌舞之乡。广大劳动人民创造的丰富多彩的民间歌舞，哺育过各种文艺形式，它对综合性的戏剧的形成作用更加直接。例如，倒七戏即明显脱胎于大别山一带的民歌和淮河两岸的民间歌舞，这种民歌风至今仍十分浓厚。”

葬　花

《红楼梦》选段

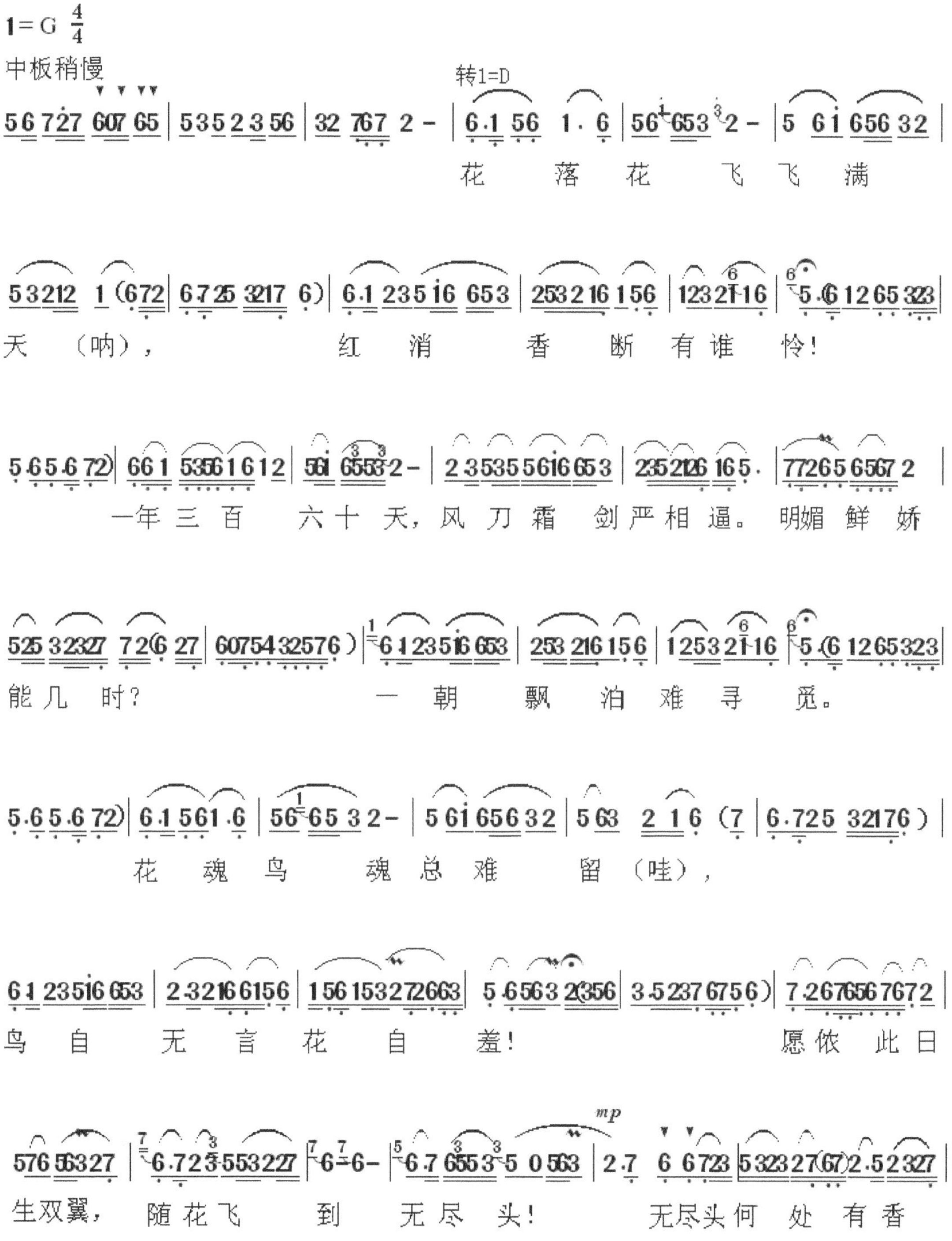
1=G 4/4
中板稍慢
转1=D
花　落　花　飞　飞　满
天（呐），　红　消　香　断　有谁　怜！
一年三百　六十　天，风　刀　霜　剑严相　逼。明媚　鲜　娇
能几　时？　一　朝　飘　泊　难　寻　觅。
花　魂　鸟　魂　总　难　留（哇），
鸟　自　无　言　花　自　羞！　愿侬　此日
生双翼，　随花飞　到　无尽　头！　无尽头何　处　有香
mp

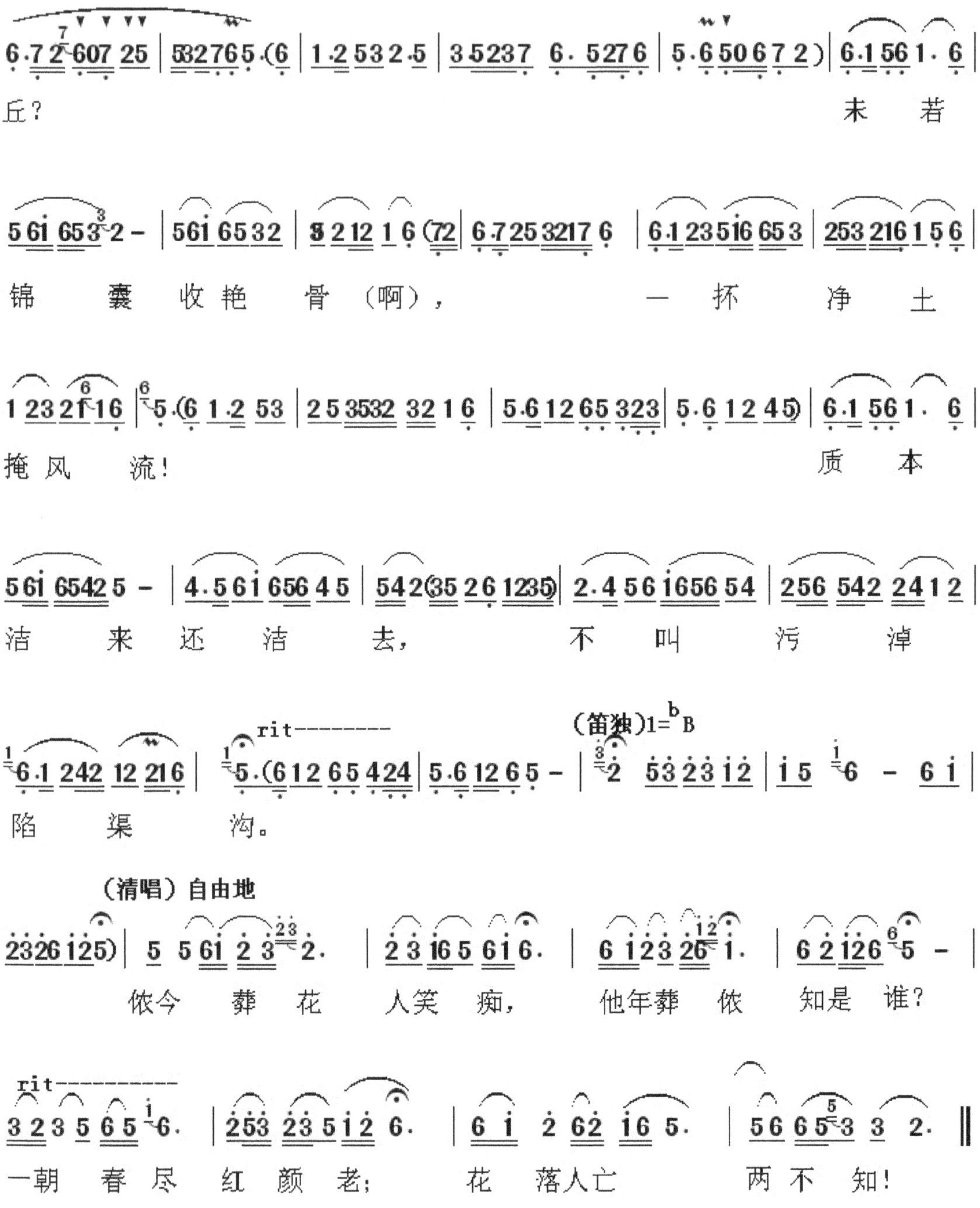
丘？
未若
锦囊收艳骨（啊），
一抔净土
掩风流！
质本
洁来还洁去，
不叫污淖
陷渠沟。
rit
（笛独）1=♭B
（清唱）自由地
侬今葬花人笑痴，
他年葬侬知是谁？
rit
一朝春尽红颜老；
花落人亡两不知！

主雅客来勤

《红楼梦》选段

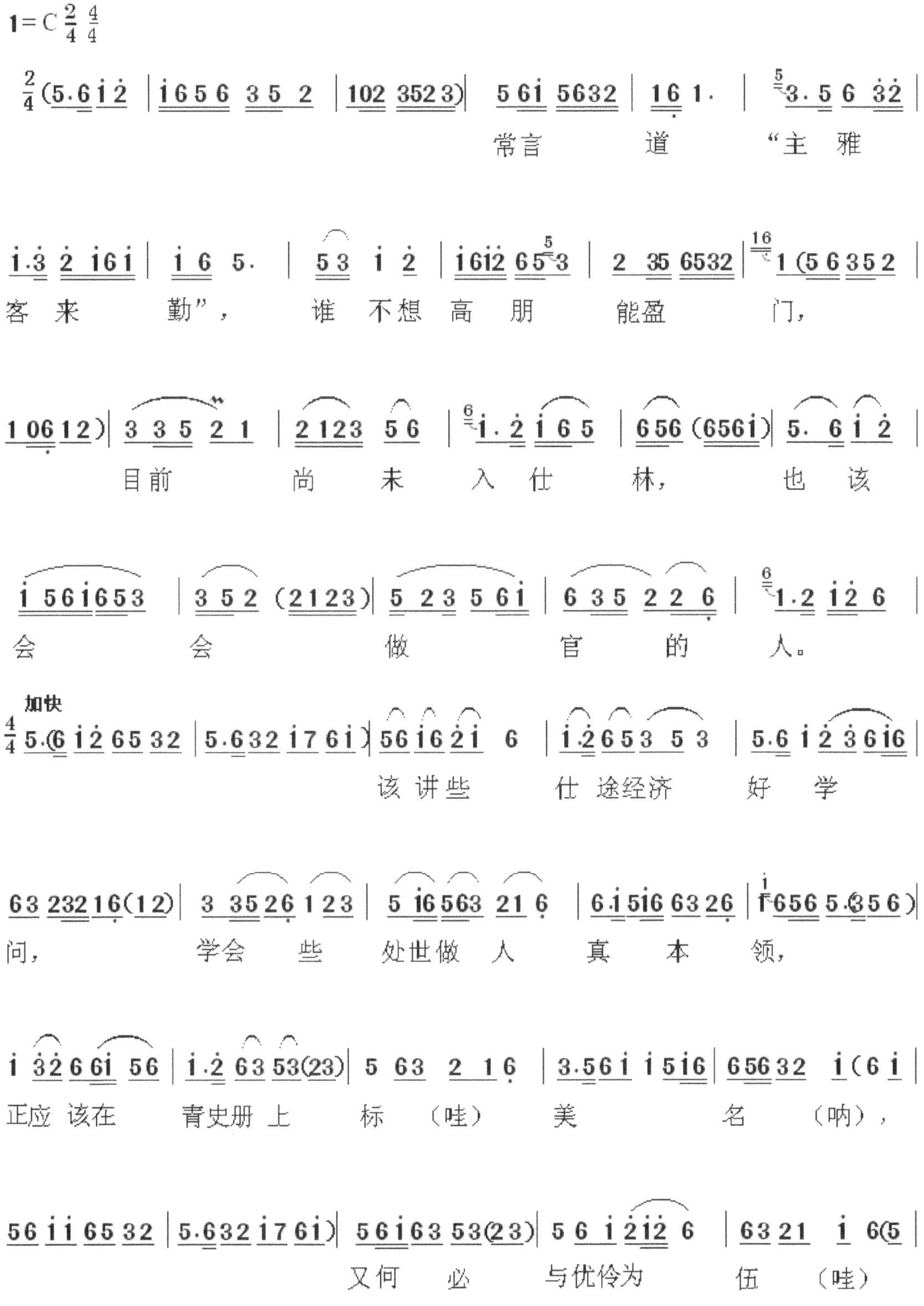
1=C 2/4 4/4
常言道“主雅
客来勤”，谁不想高朋能盈门，
目前尚未入仕林，也该
会会做官的人。
加快
该讲些仕途经济好学
问，学会些处世做人真本领，
正应该在青史册上标（哇）美名（呐），
又何必与优伶为伍（哇）

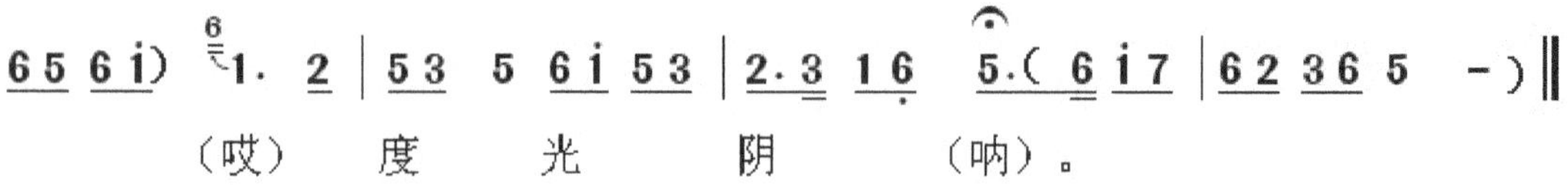

荷包相配人团圆

《妈妈》选段

1=C $\frac{4}{4}\frac{2}{4}\frac{1}{4}$ 稍慢抒情地

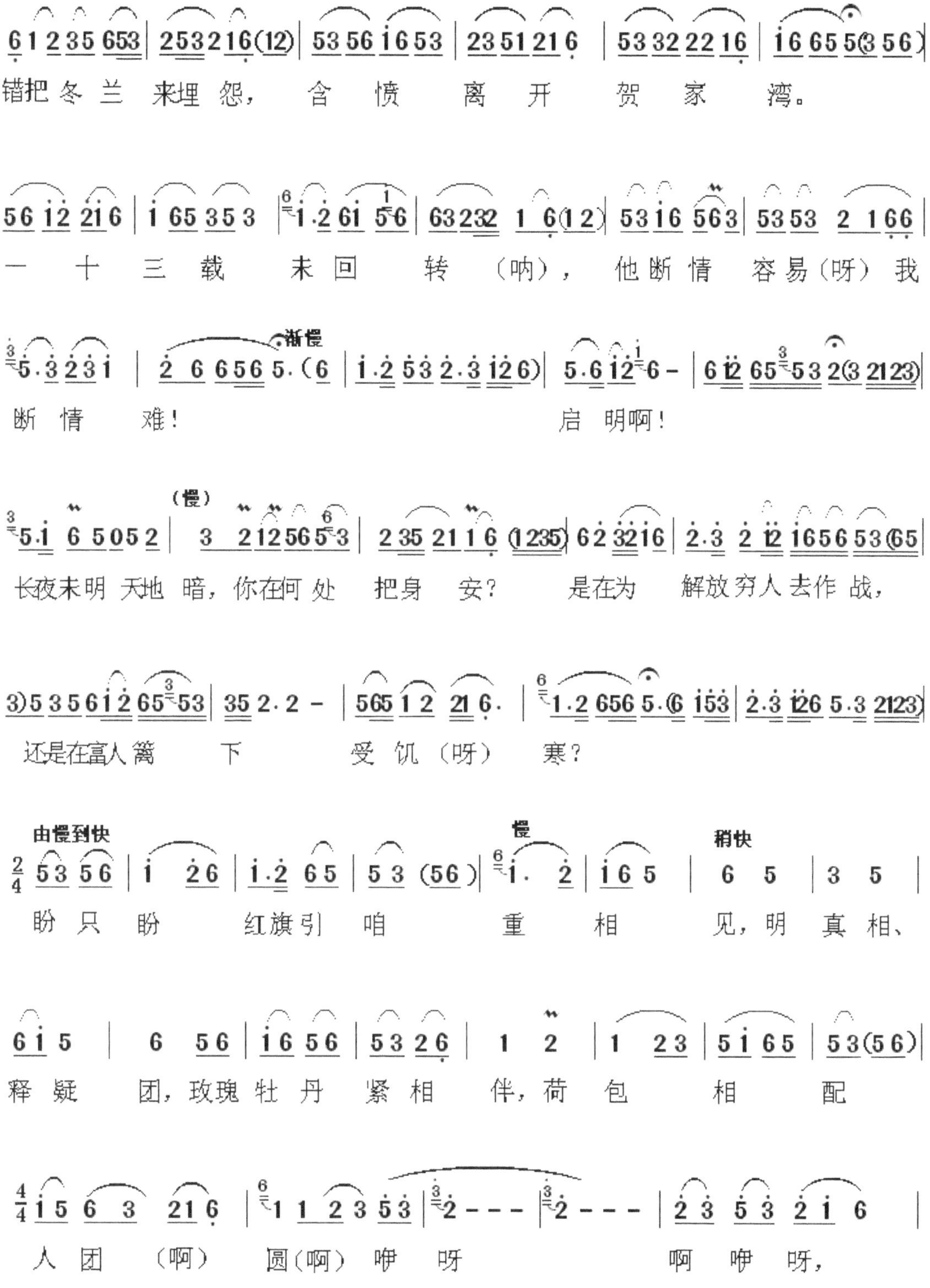
错把冬兰来埋怨，含愤离开贺家湾。
一十三载未回转（呐），他断情容易（呀）我
渐慢
断情难！启明啊！
（慢）
长夜未明天地暗，你在何处把身安？是在为解放穷人去作战，
还是在富人篱下受饥（呀）寒？
由慢到快
慢
稍快
盼只盼红旗引咱重相见，明真相、
释疑团，玫瑰牡丹紧相伴，荷包相配
人团（啊）圆（啊）咿呀啊咿呀，

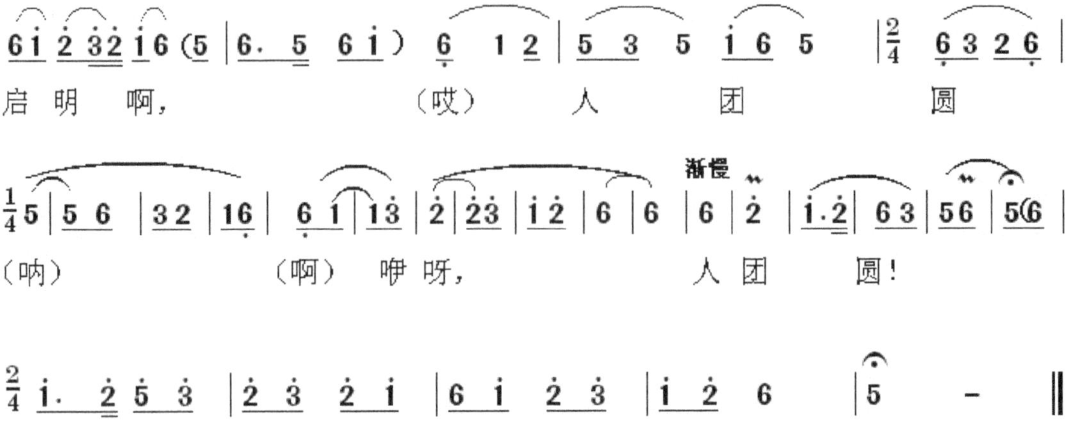

踏遍青山去找党

《妈妈》选段

巧姑唱段

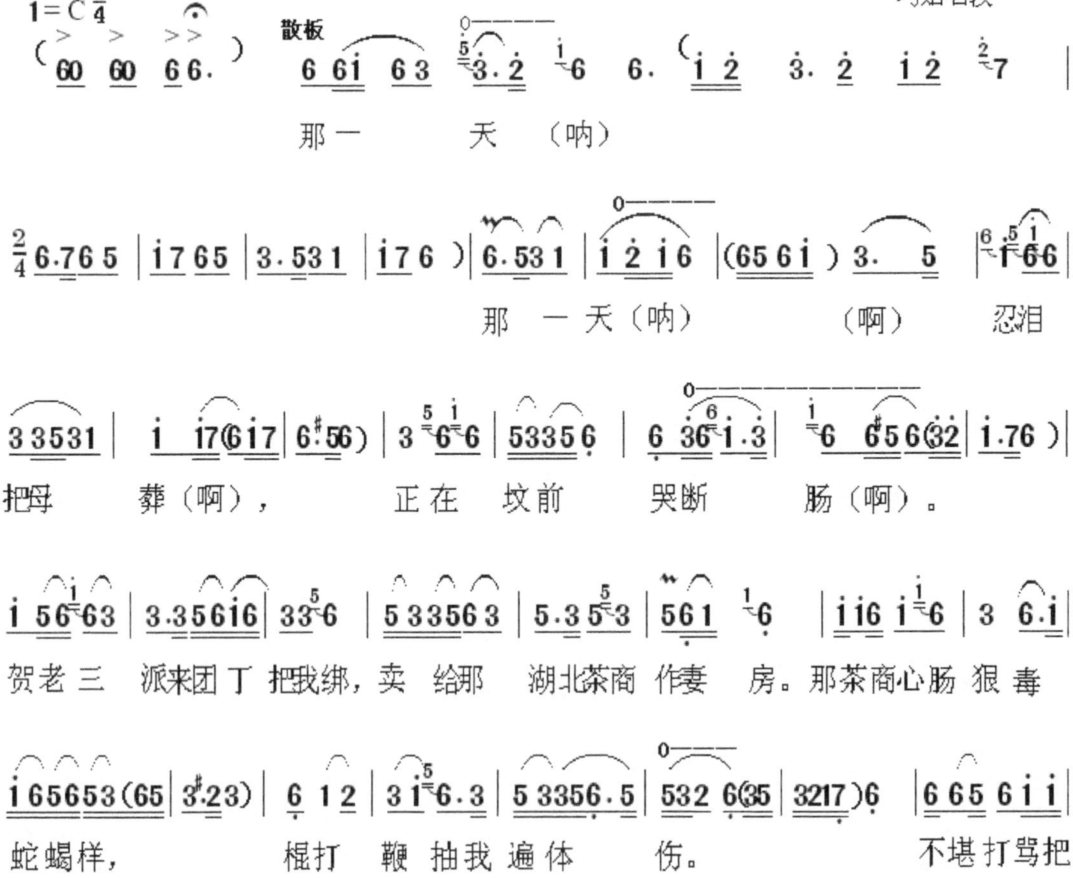

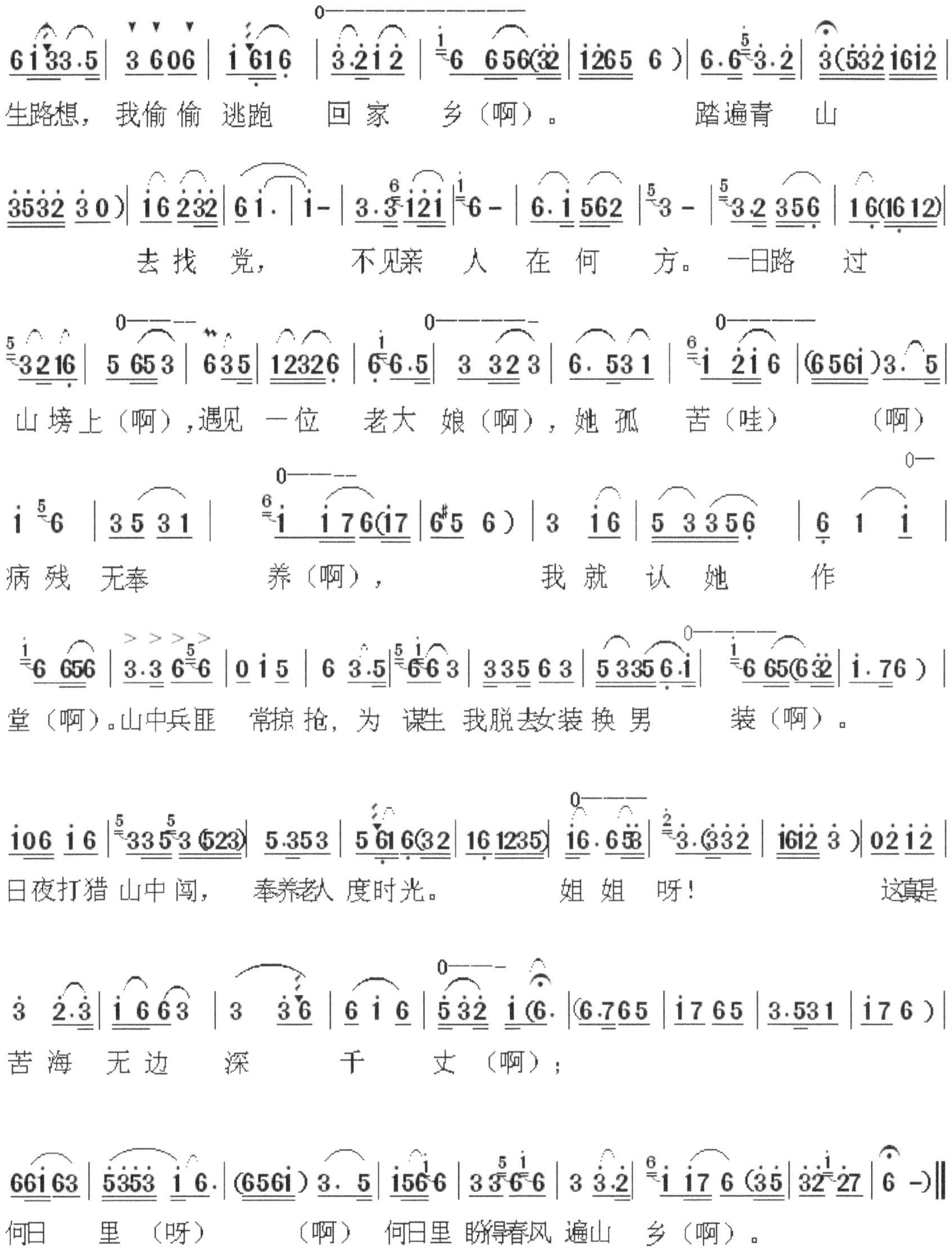
生路想，我偷偷逃跑 回家 乡（啊）。 踏遍青 山
去找 党， 不见亲 人 在 何 方。一日路 过
山塝上（啊），遇见 一位 老大 娘（啊），她 孤 苦（哇） （啊）
病残 无奉 养（啊）， 我就 认 她 作
堂（啊）。山中兵匪 常掠 抢，为 谋生 我脱去女装 换 男 装（啊）。
日夜打猎 山中 闯， 奉养老人 度时光。 姐 姐 呀！ 这真是
苦 海 无 边 深 千 丈（啊）；
何日 里（呀） （啊） 何日里 盼得春风 遍山 乡（啊）。

我家有个小九妹

《梁祝》选段

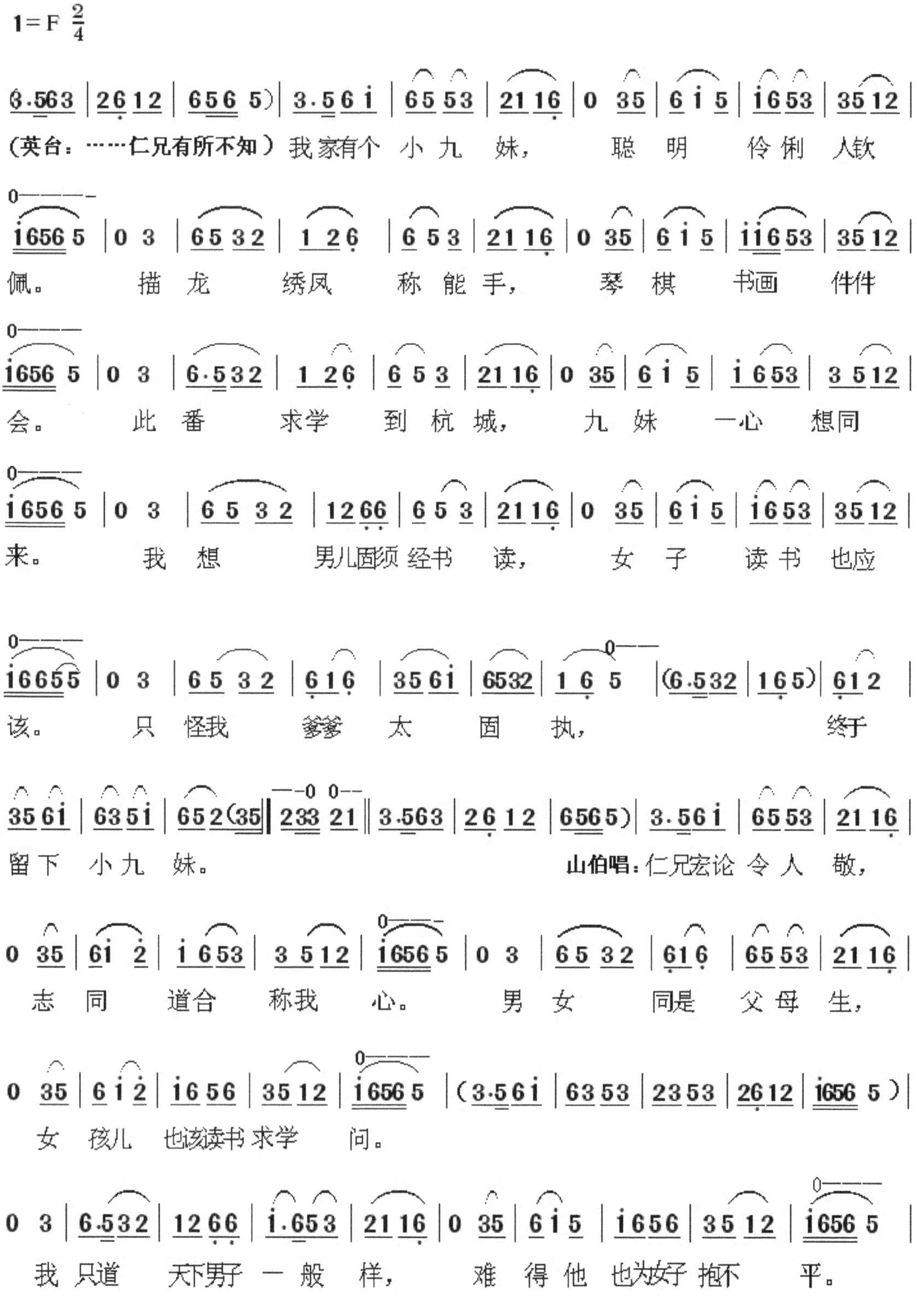

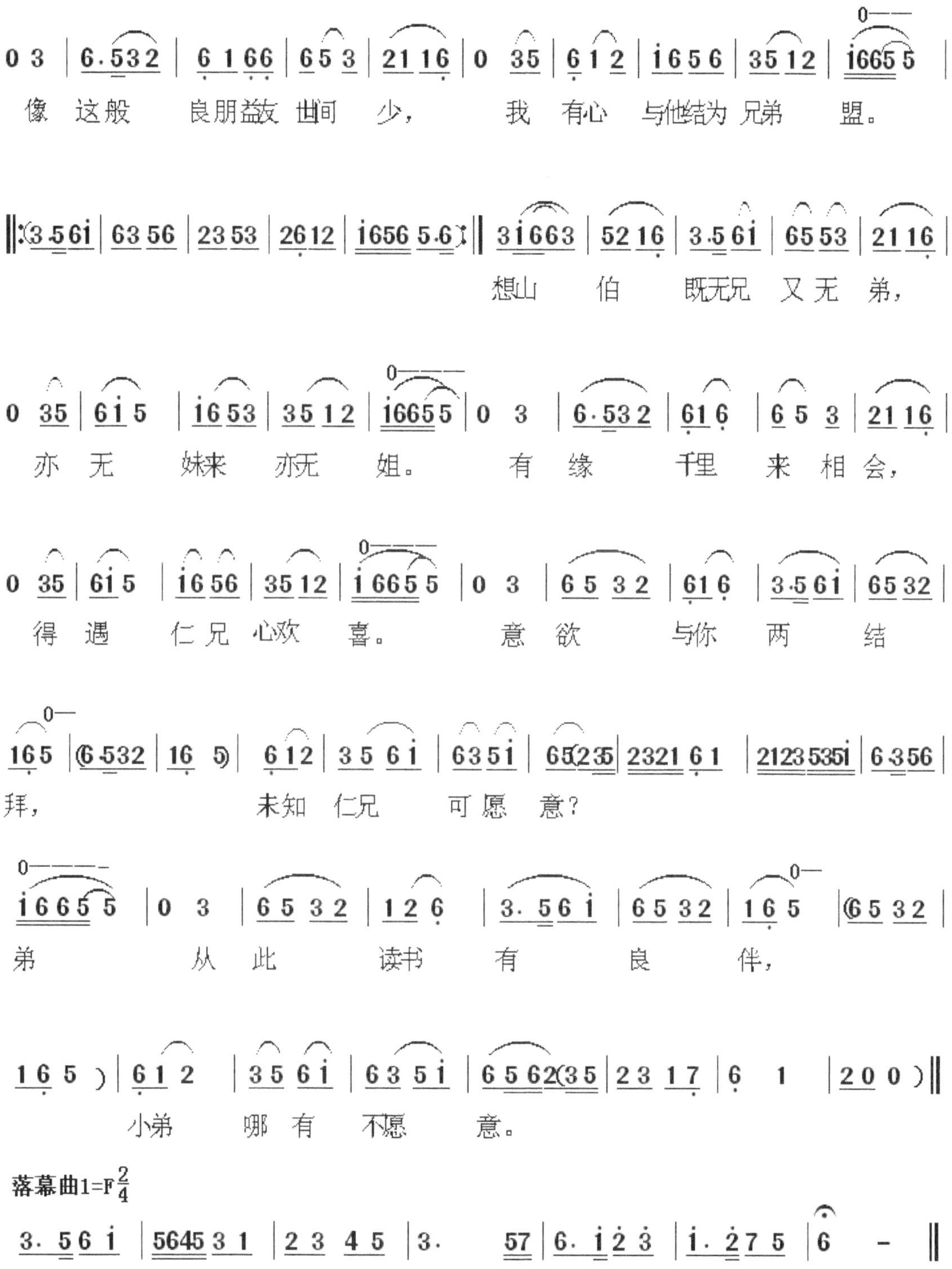
像 这般 良朋益友 世间 少， 我 有心 与他结为 兄弟 盟。
想山 伯 既无兄 又无 弟，
亦 无 妹来 亦无 姐。 有 缘 千里 来 相 会，
得 遇 仁 兄 心欢 喜。 意 欲 与你 两 结
拜， 未知 仁兄 可 愿 意？
弟 从 此 读书 有 良 伴，
小弟 哪 有 不愿 意。
落幕曲1=F 2/4

记得家乡那一晚

《霓虹灯下的哨兵》选段

1=C $\frac{4}{4}$

中速甜美地

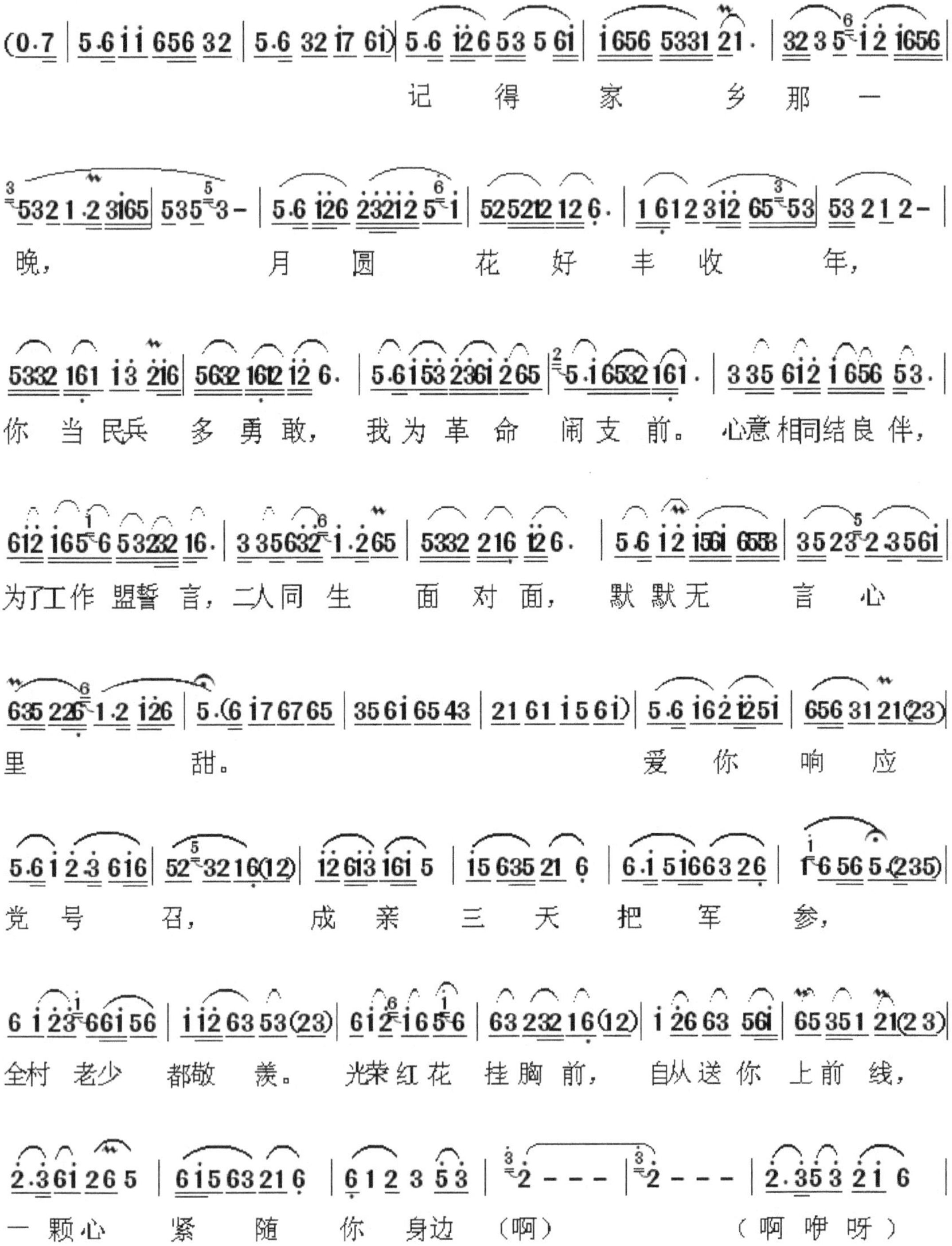

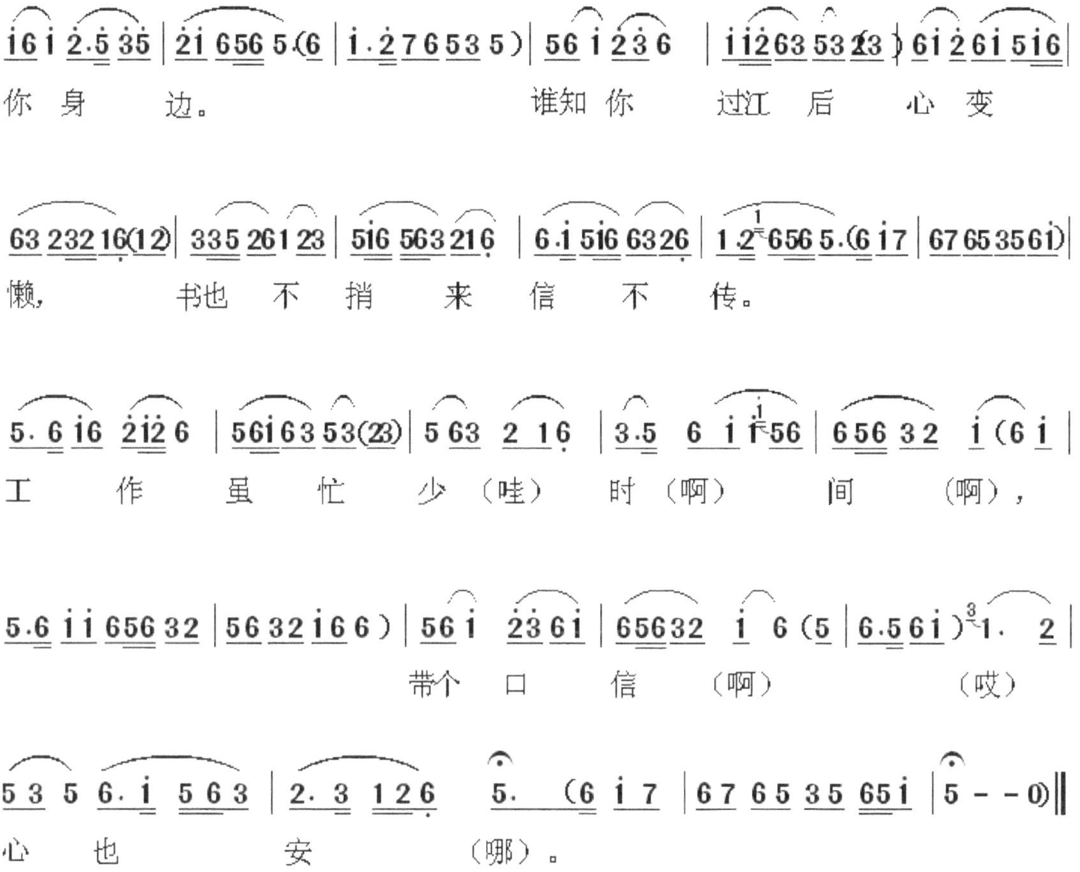
你 身 边。 谁知 你 过江 后 心 变
懒， 书也 不 捎 来 信 不 传。
工 作 虽 忙 少（哇） 时（啊） 间 （啊），
带个 口 信 （啊） （哎）
心 也 安 （哪）。

四月茶山郁苍苍

庐剧《茶山新歌》选曲（女声领唱 齐唱）

王晓兰 词

李如瑶 王成瑞 曲

1=D 2/4

♩=72

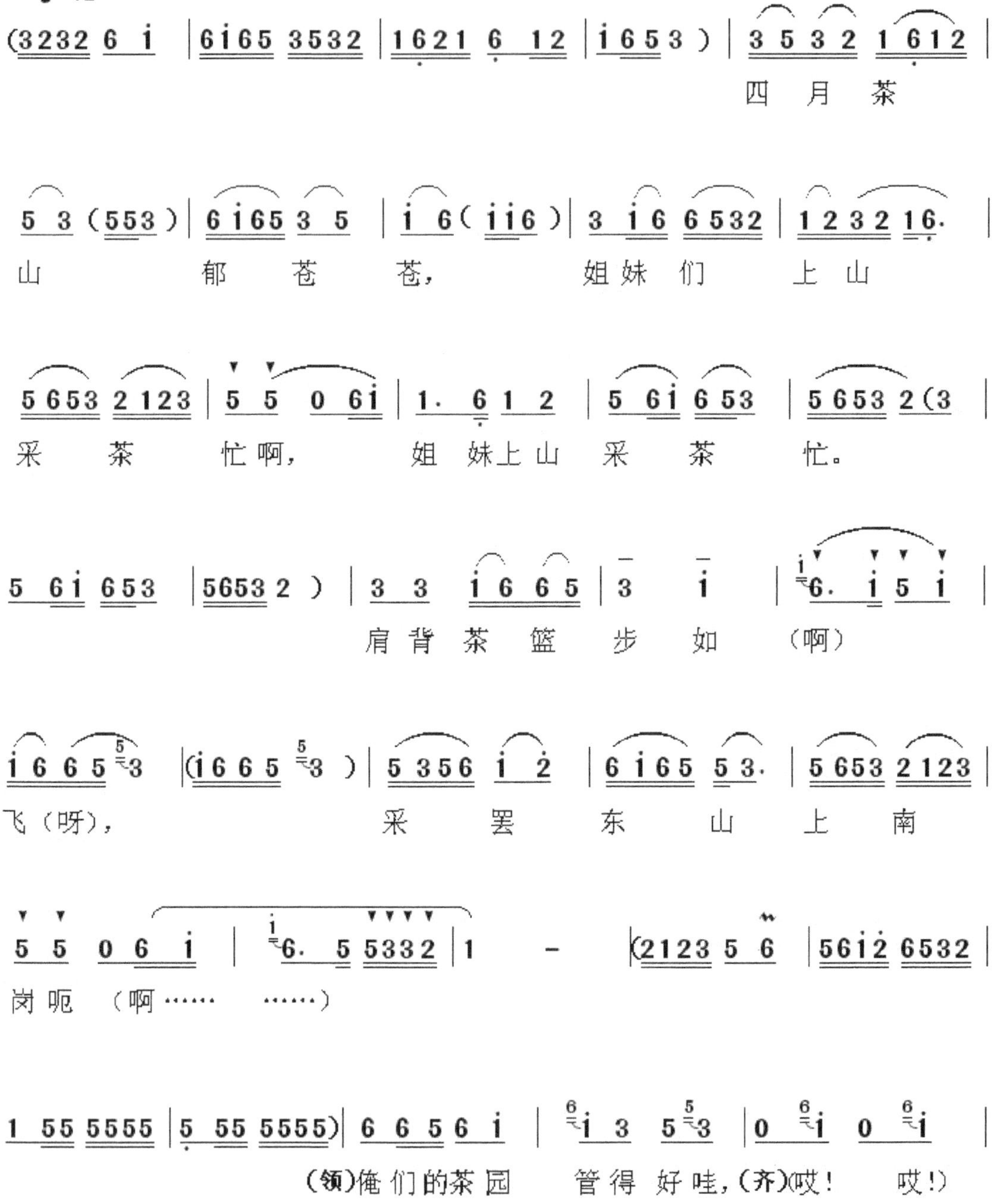

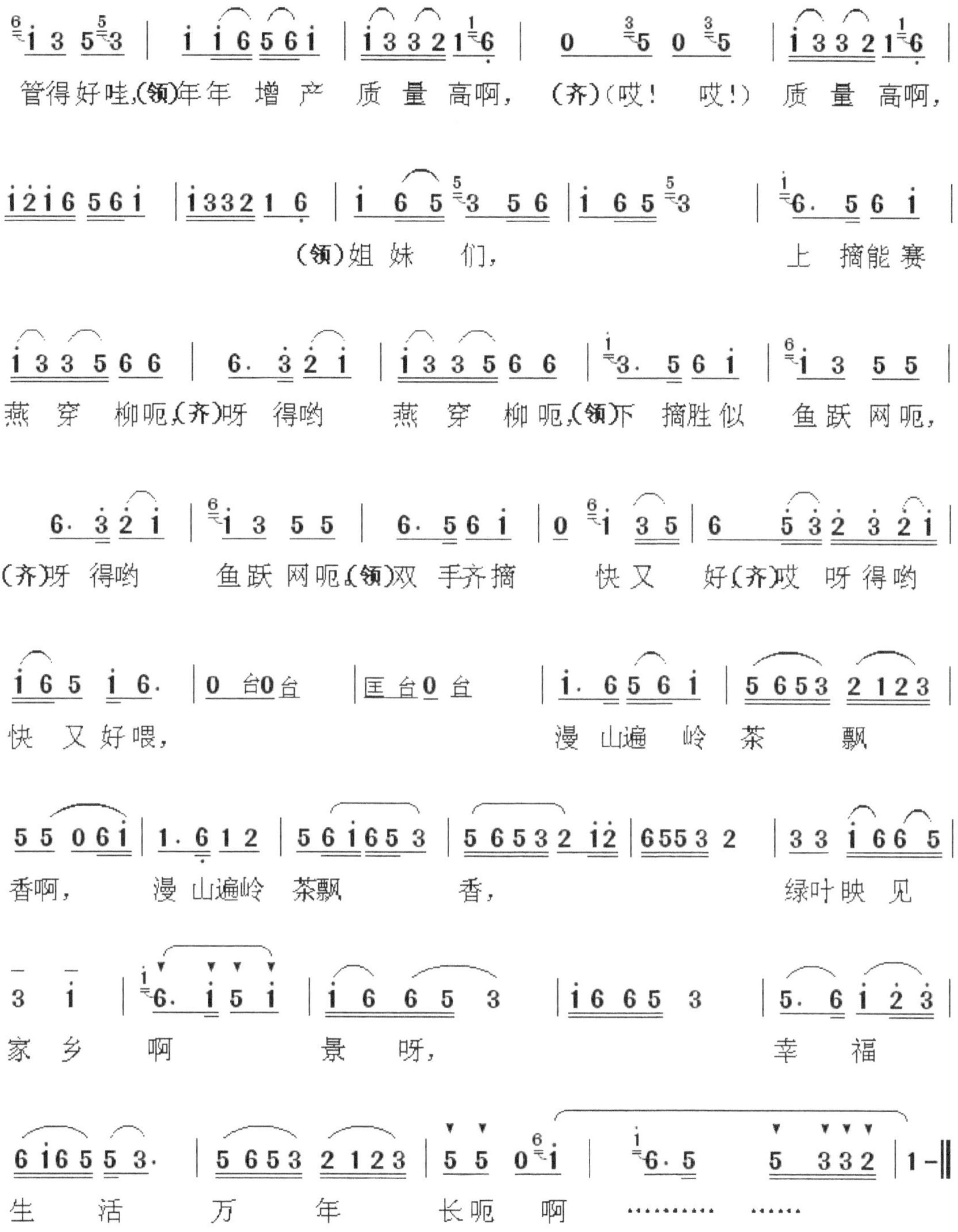
管得好哇,(领)年年 增 产 质 量 高啊, (齐)(哎! 哎!) 质 量 高啊,
(领)姐 妹 们, 上 摘能 赛
燕 穿 柳呃,(齐)呀 得哟 燕 穿 柳 呃,(领)下 摘胜 似 鱼 跃 网 呃,
(齐)呀 得哟 鱼 跃 网 呃,(领)双 手齐 摘 快 又 好(齐)哎 呀 得 哟
快 又 好 喂, 漫 山遍 岭 茶 飘
香啊, 漫 山遍岭 茶飘 香, 绿叶 映 见
家 乡 啊 景 呀, 幸 福
生 活 万 年 长呃 啊 ………… ……

茶山搭起赛歌台

庐剧《茶山新歌》选曲（女声领唱 齐唱）

王晓兰 词
李如瑶 王成瑞 曲

1=D $\frac{2}{4}$

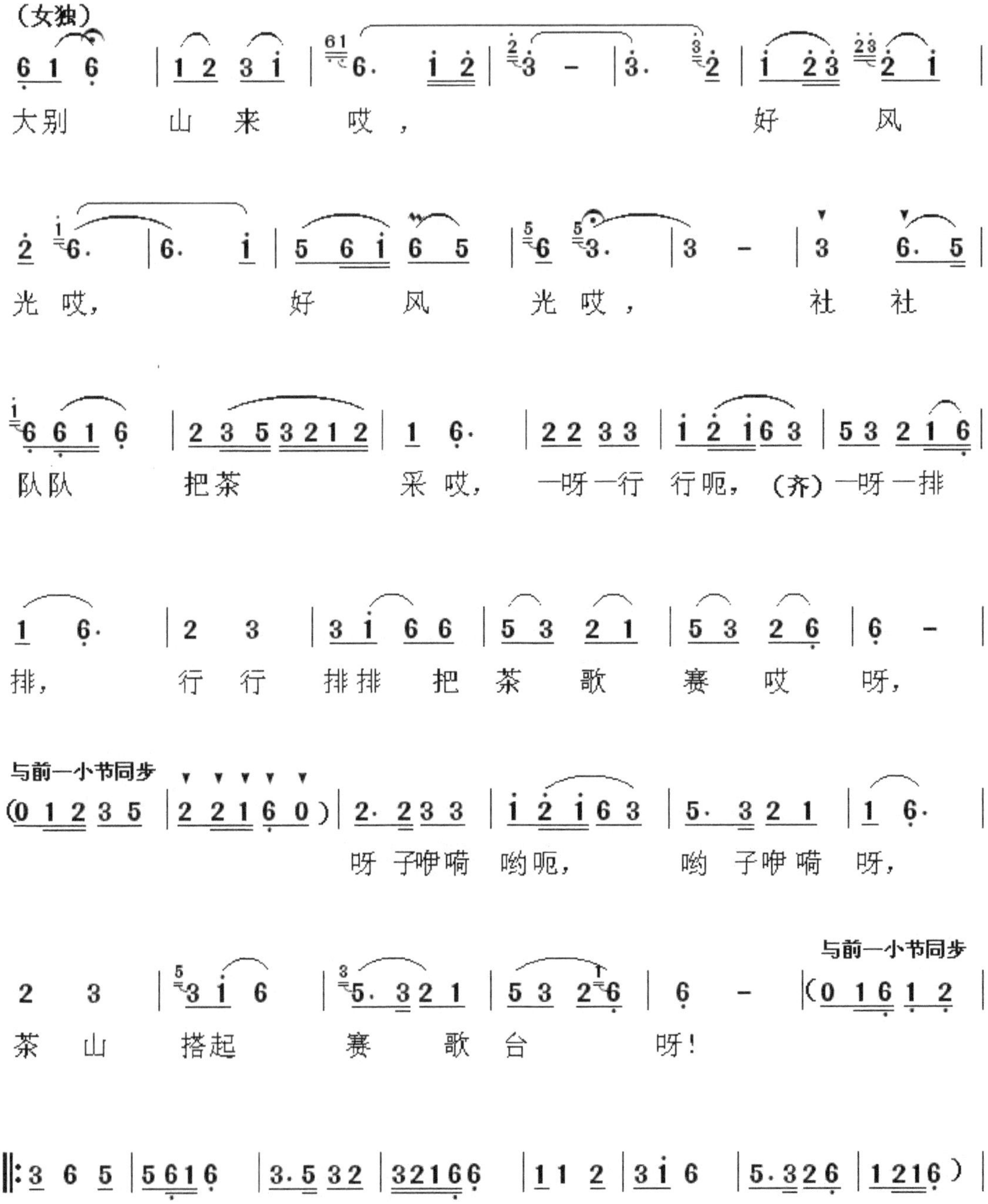

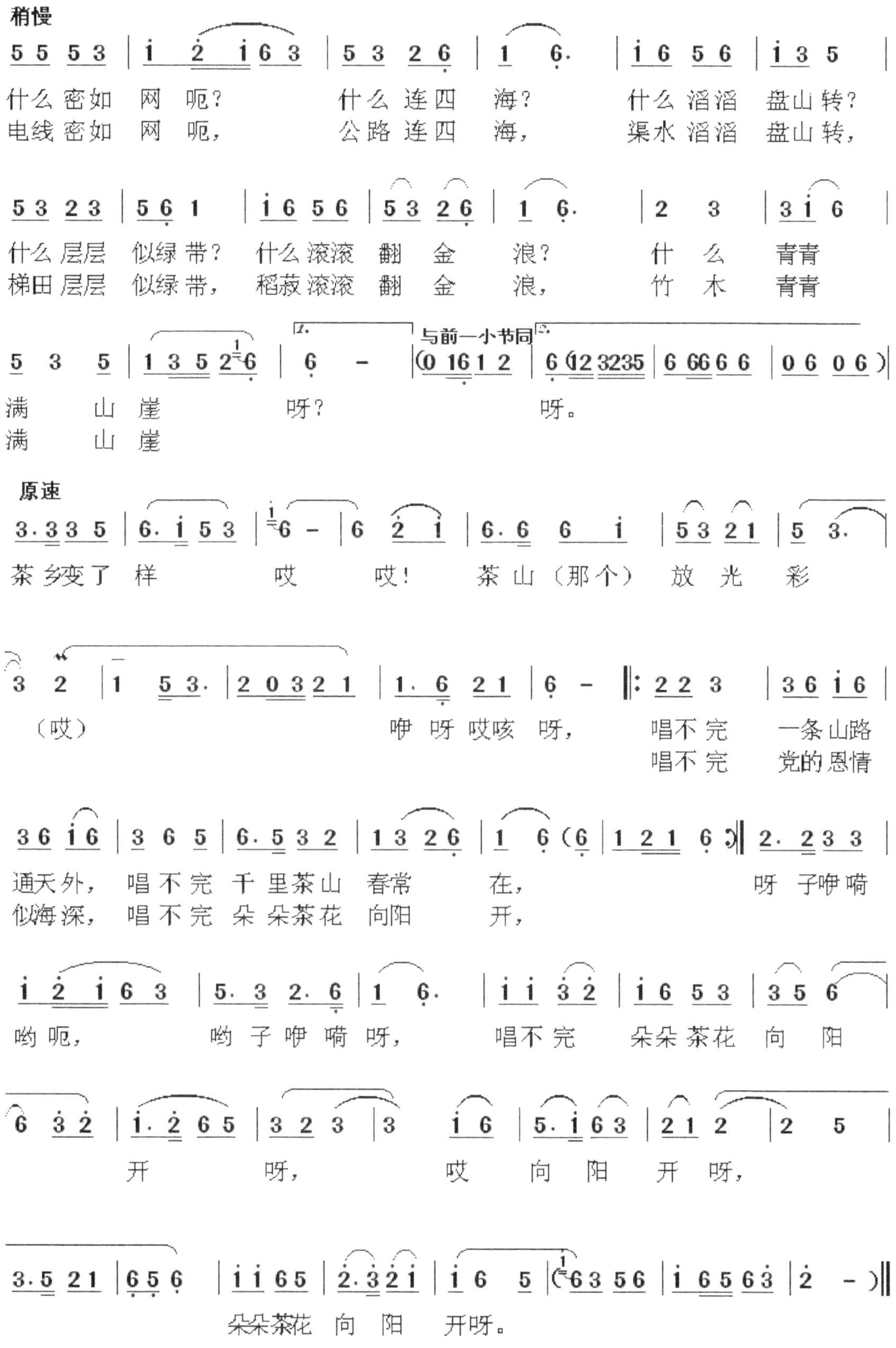
稍慢
什么密如　网　呃？　什么　连四　海？　什么　滔滔　盘山转？
电线密如　网　呃，　公路　连四　海，　渠水　滔滔　盘山转，
什么层层　似绿带？　什么滚滚　翻　金　浪？　什　么　青青
梯田层层　似绿带，　稻菽滚滚　翻　金　浪，　竹　木　青青
与前一小节同
满　山崖　呀？　呀。
满　山崖
原速
茶乡变了　样　哎　哎！　茶　山（那个）　放　光　彩
（哎）　咿　呀　哎咳　呀，　唱不完　一条山路
唱不完　党的恩情
通天外，　唱不完　千里茶山　春常　在，　呀　子咿嗬
似海深，　唱不完　朵朵茶花　向阳　开，
哟　呃，　哟　子　咿　嗬　呀，　唱不完　朵朵茶花　向　阳
开　呀，　哎　向　阳　开　呀，
朵朵茶花　向　阳　开呀。

六 皖西新创编歌曲

“有活力的传承都是发展变化着的，一代代传承者不断注入自己新的认识和新的创造，才能使一个民族的艺术真正存活于当代人的生活之中，并充分显示其独特的美学价值与精神力量。”[1]文艺作品的创新无外乎内容与形式两方面。对于传统民歌来说，要想在当今受欢迎，且得到可持续发展，就应该寻找民歌与现代音乐审美的契合点，认清民歌自身的优势与特色，创作出富有时代气息的、鲜活的新作品。

传统民歌可以从歌词、旋律、唱法三方面寻找在新时期的创新定位。旋律是歌曲的灵魂，音乐作品的风格神韵、地域特色诸多气质元素主要靠旋律来体现，在旋律的发展、速度、节奏节拍的变化方面可以设法推陈出新，这种创作方法在国内已经有一些成功的例子。例如，由词作家刘麟和作曲家王志信创作的艺术歌曲《桃花红，杏花白》就是根据山西同名民歌改编的。再如，作曲家胡廷江创作的声乐曲《玛依拉变奏曲》，作品在原曲中加入“花腔”技法，使作品在热情活泼中呈现华丽的风貌，音乐线条跌宕起伏，炫美异常，在民族风味的民歌中加入了西洋音乐的创作技法，很好地解决了“洋为中用”的问题。

上面两例的成功尝试也给我们创新皖西民歌提供了有益启示。传统皖西民歌的歌词内容较陈旧，词意含蓄婉转，衬词较多，稍显冗长，词意传达较慢，不适合现代年轻人热情的性格且直接传达心意的表达方式。为了扩大皖西民歌的受众面，让更多年轻人接受，应对歌词进行创新，使它具有现代语言习惯，符合时代审美要求。

皖西民歌的音乐创新包括旋律创新和歌曲伴奏创新两方面。由于现代数字音乐制作技术的出现，使得原本单调的民歌音乐变得丰富起来，新奇的伴奏音响效果能满足现代听众的审美需求和欣赏习惯，无疑也会引导他们接受、欢迎新民歌音乐。

皖西民歌的传统唱法多以朴实、自然为主，老一辈民间歌手用声较直白、靠前，唱高音时位置较低，喊的成分较多，所以有“挣颈红”之称，尽管他们有良好的歌唱条件，音色较纯净、优美，音域也较宽广。不过，在过去的条件下，人们对演唱者的技术要求不高，所以他们的演唱尚能取得较好的效果，但今天，人们通过借鉴美声的科学发声方法，歌唱技能得到极大提高，高水平的歌者对声音的运用已达到游刃有余的境界，听众对歌者的声音提出了更高的要求，不再满足于自然声音的演唱，这就要求对原民歌唱法进行创新，吸纳通俗和美声的唱法，以适应大众的需求。这种融合唱法可使皖西原生态民歌焕发新的生机。

本部分所选编的皖西新民歌，如王光启、方友根老师创作的《九十里山水画金安》，把黄梅调的艺术元素融入旋律，赞美了新时代皖西地区美丽的新风光；《郎在高山唱山歌》《八月桂花梦》等，在保留原有民歌神韵的基础上，融入了新的音乐元素，歌词也表现出时代的内容，演唱形式运用对唱、合唱形式，丰富了歌曲的表现形式，力求把传统与现代融合在一起，既实现了对传统的传承，又满足了人们对多元文化的审美需求；吴怀强老师等创作的《万佛湖》《走进天堂寨》《斑竹园》等，不仅讴歌新时代美丽的皖西风土人情、自然风光，还把现代的一些作曲技法融合其中，具有鲜明的时代气息；《皖西畅想》《大别山，美丽的妈妈》等歌曲，把皖西深厚的人文历史文化与皖西人民的时代梦想结合起来，旋律与演唱借鉴了西洋美声技法，更显大气磅礴，体现出对皖西民歌的传承与创新。

皖西民歌是我国重要的非物质文化遗产，是皖西人民智慧与感情的结晶，它朴实清新如山野杜鹃，为了防止它的“香消玉殒”，我们应该采取有效措施对它的内容与形式进行创新丰富，提升其文化特质，挖掘其深刻内涵，使其在继承中发展，在传播中重生，使这支“山野杜鹃”永远散发芬芳。

本教材所选部分新创编歌曲歌咏了皖西的地域风情、人文风物、自然风光，尽管作品的内容与形式不尽完美，但希望可以通过高校特色声乐教学，提高学生的本土意识，加深对皖西地域文化的了解，唤起学生的文化自觉，继承传统，开拓创新，推动皖西音乐文化的发展和繁荣。

注释：

[1] 宋生贵．传承与超越——当代民族艺术之路[M]．北京：人民出版社，2007:90.

九十里山水画金安

方友根 词
王光启 曲

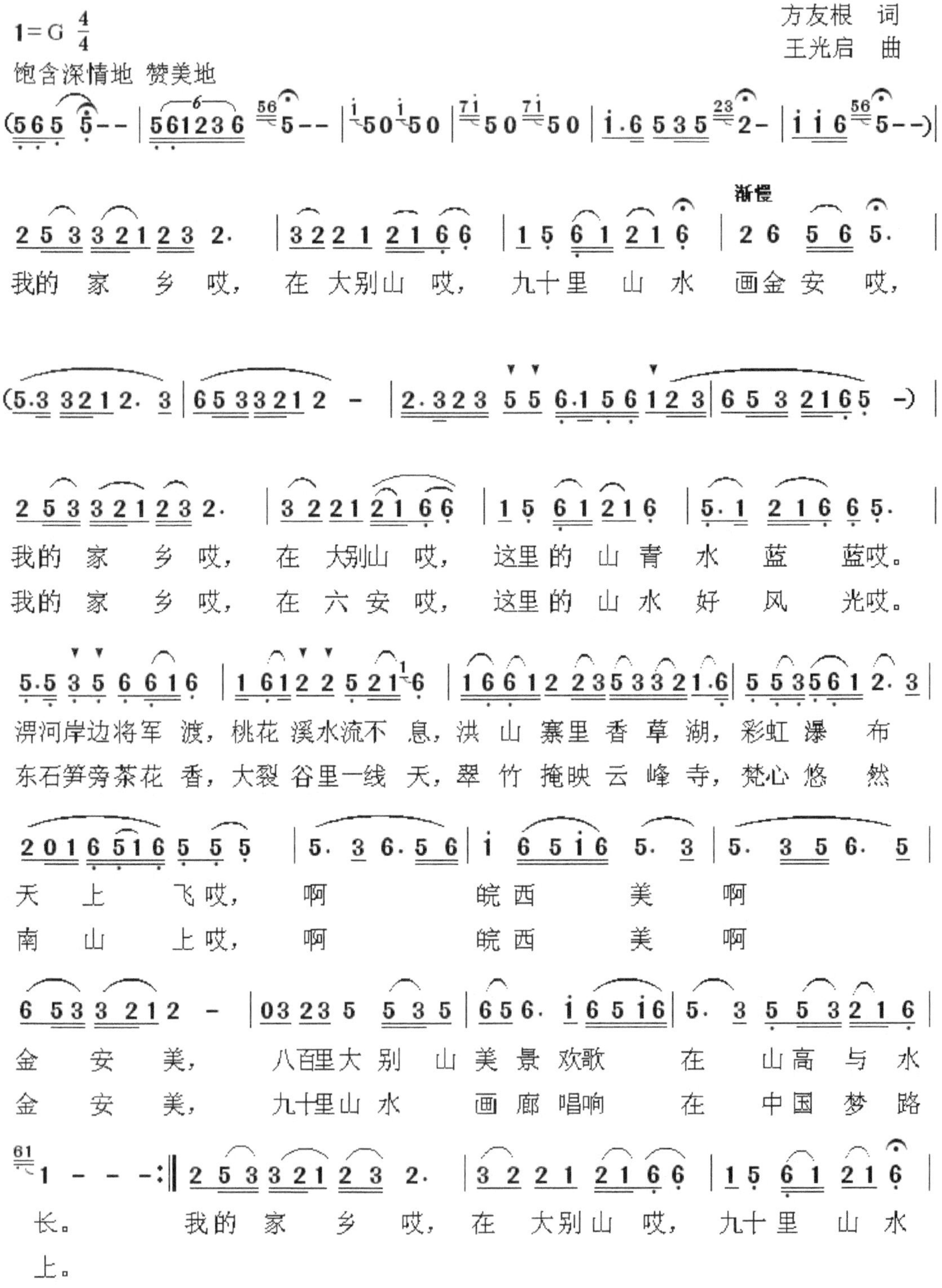

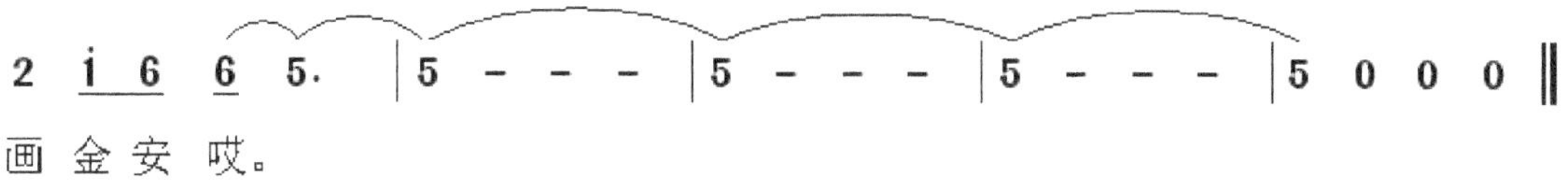

新编西路山歌

（皖西大别山民歌 男女声）

赵敏词

裴贻思 赵敏曲

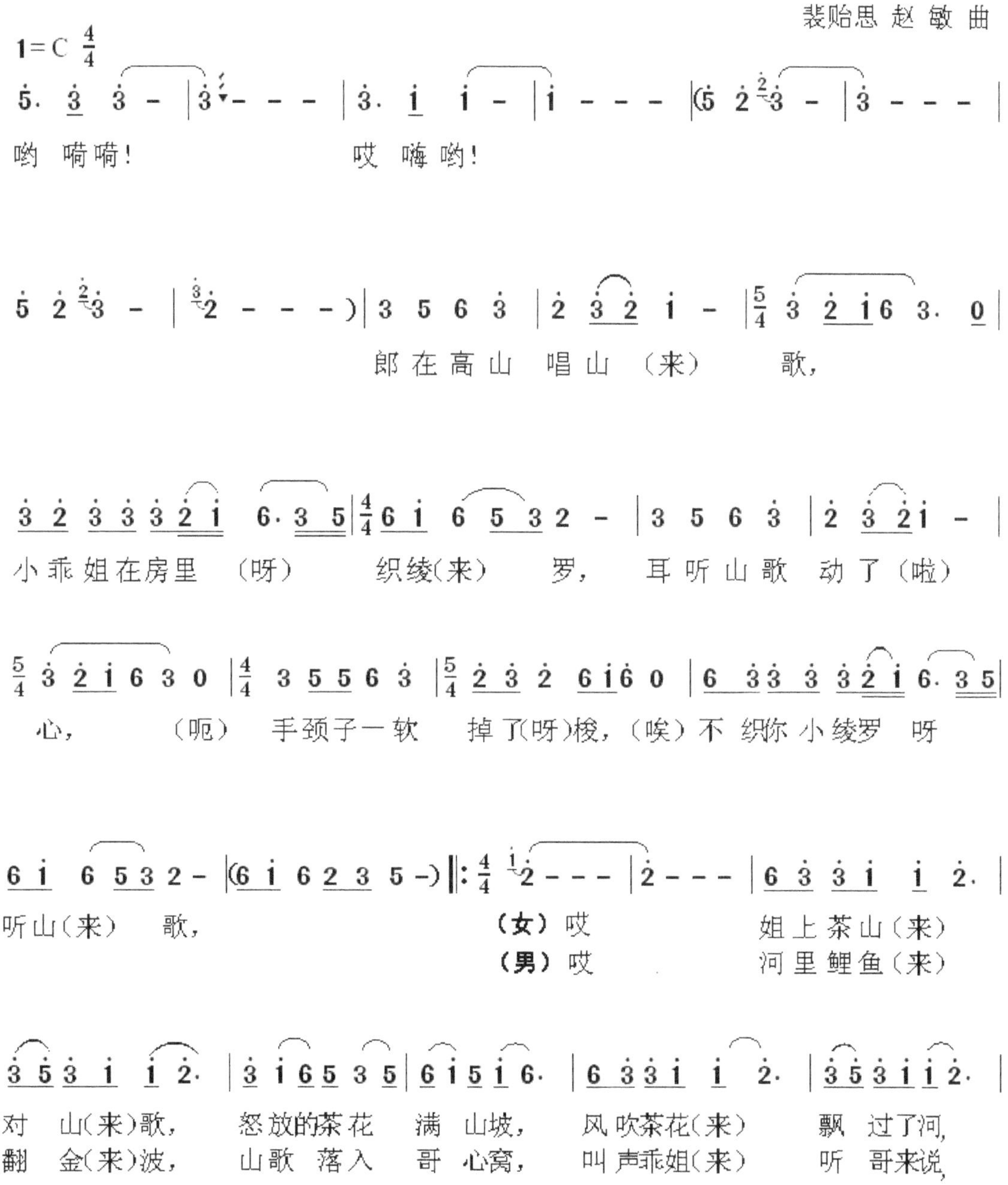

六安市委宣传部2013年度文艺精品创作生产计划项目：皖西民歌艺术创作（六宣发[2013]15号文件）。

老师的微笑

（女声独唱）

1=F $\frac{2}{4}$

中速　深情地

彭祖绅　吴承林　词

王光启　曲

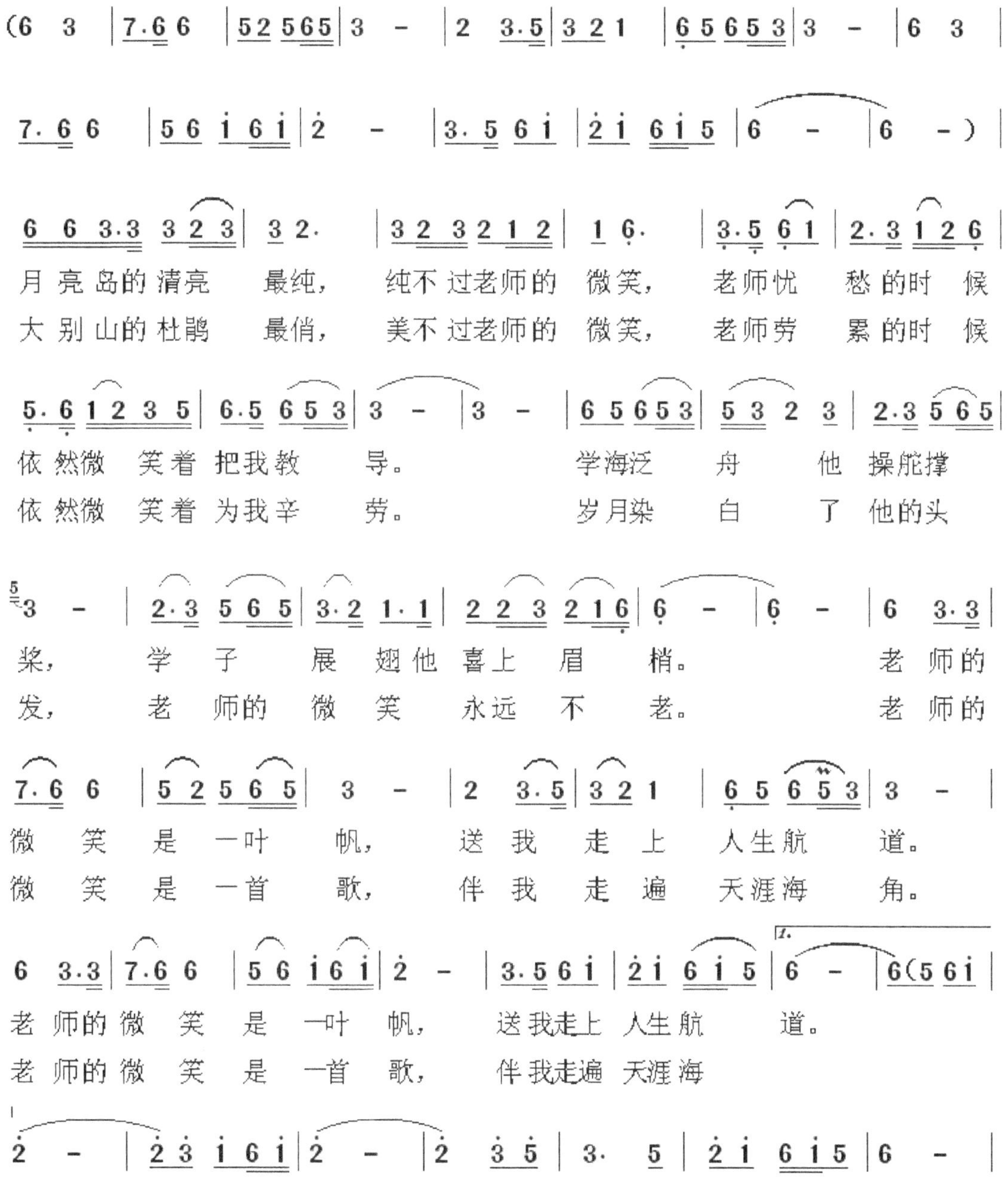

角。 老师的微笑是一首歌，
伴我走遍天涯海角，老师的微笑是一首
歌，伴我走遍天涯海角。伴我走遍天涯海
角。

欢迎您到霍山来

张宝星　词
吴怀强　曲

1=F 4/4
♩=134

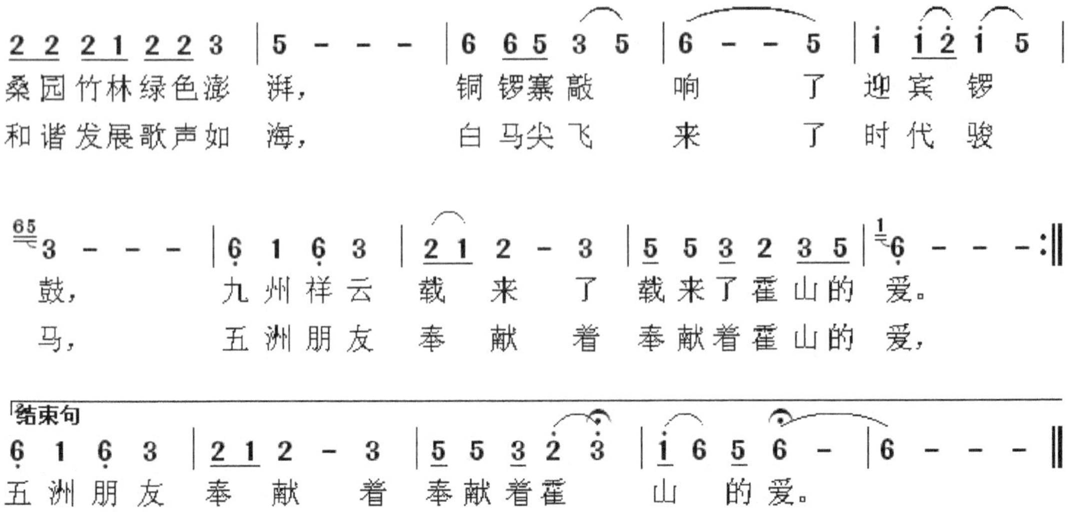

亲亲的大别山

1=G $\frac{2}{4}$
♩=68

王和泉 词
吴怀强 曲

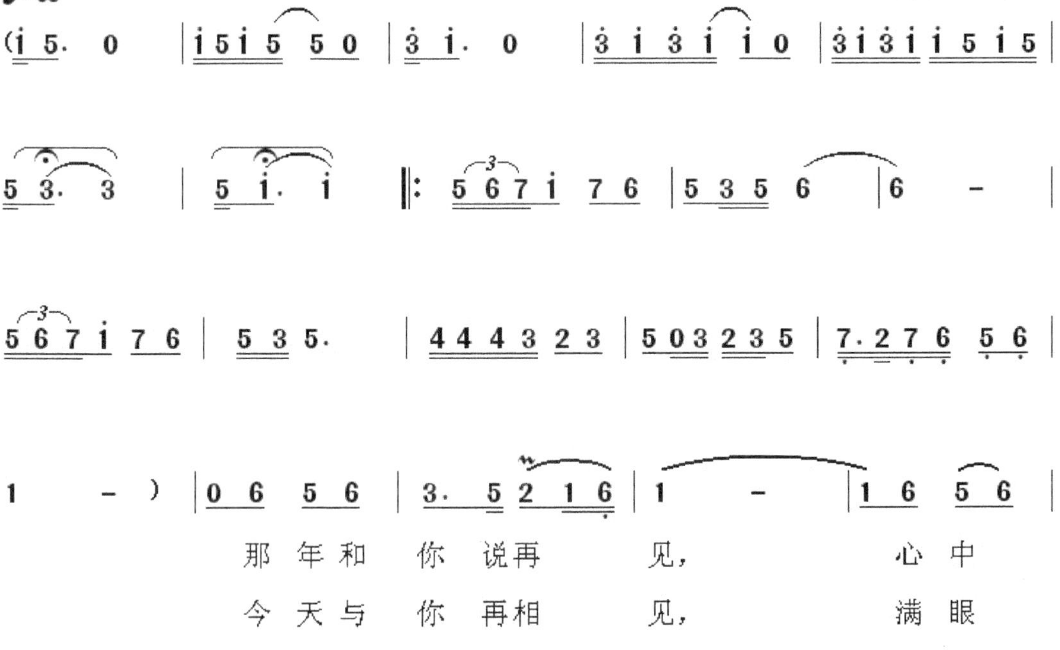

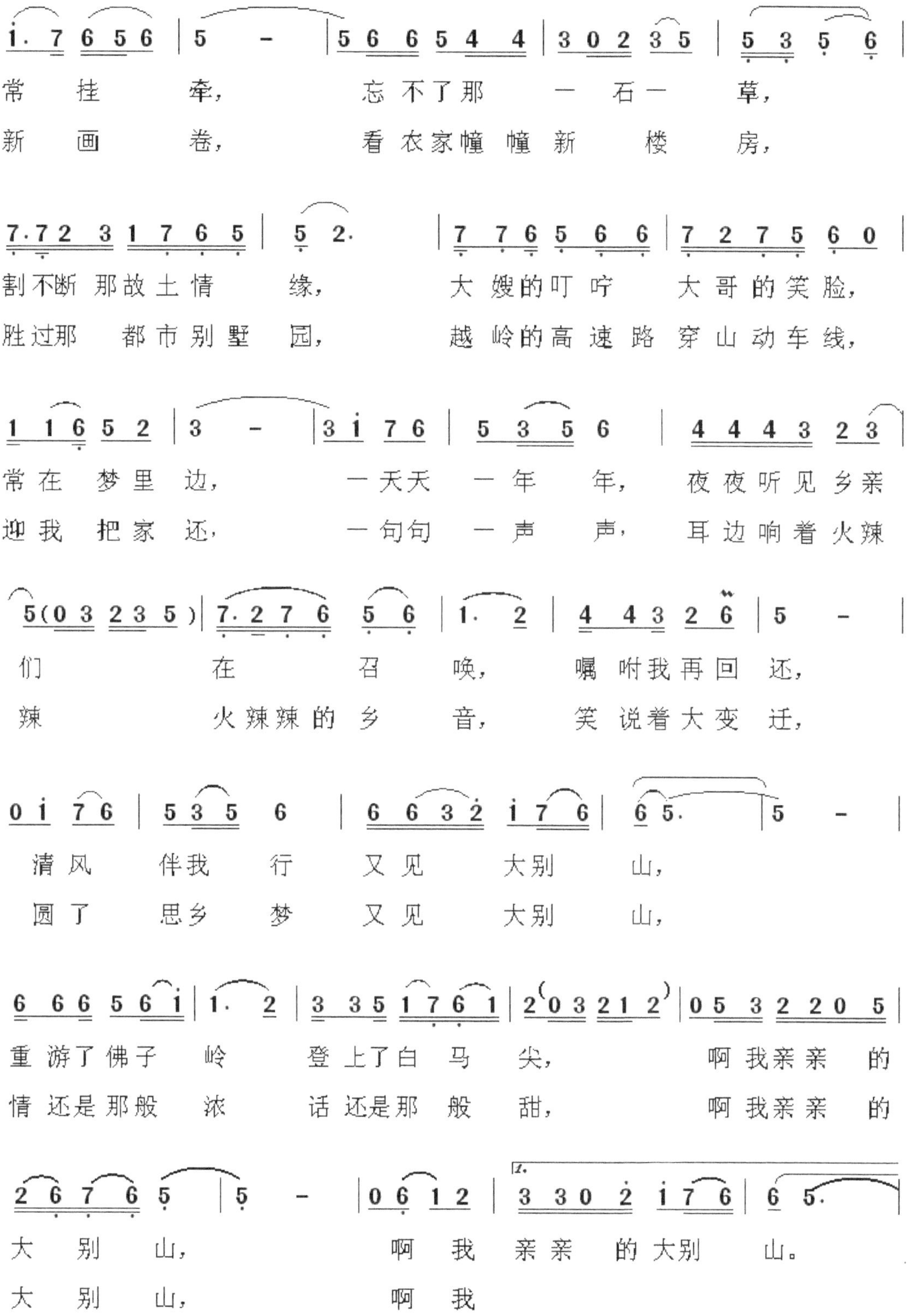
常挂牵，忘不了那一石一草，
新画卷，看农家幢幢新楼房，
割不断那故土情缘，大嫂的叮咛大哥的笑脸，
胜过那都市别墅园，越岭的高速路穿山动车线，
常在梦里边，一天天一年年，夜夜听见乡亲
迎我把家还，一句句一声声，耳边响着火辣
们在召唤，嘱咐我再回还，
辣火辣辣的乡音，笑说着大变迁，
清风伴我行又见大别山，
圆了思乡梦又见大别山，
重游了佛子岭登上了白马尖，啊我亲亲的
情还是那般浓话还是那般甜，啊我亲亲的
大别山，啊我亲亲的大别山。
大别山，啊我
1.

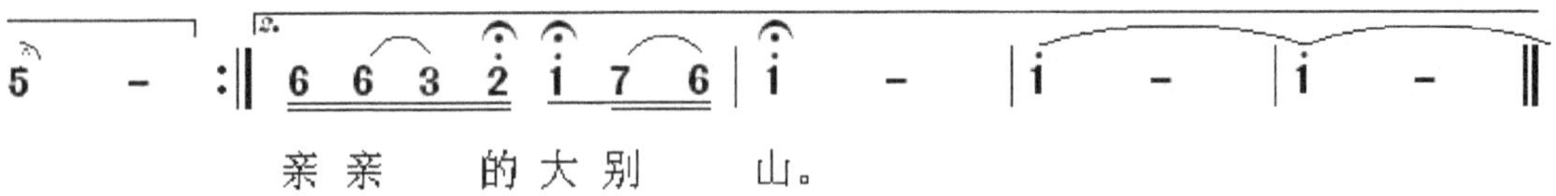

走进霍山，回归自然

陈兆权 曲
陈兆权 词

1=G $\frac{2}{4}$ $\frac{4}{4}$
♩=128 欢快 喜悦地

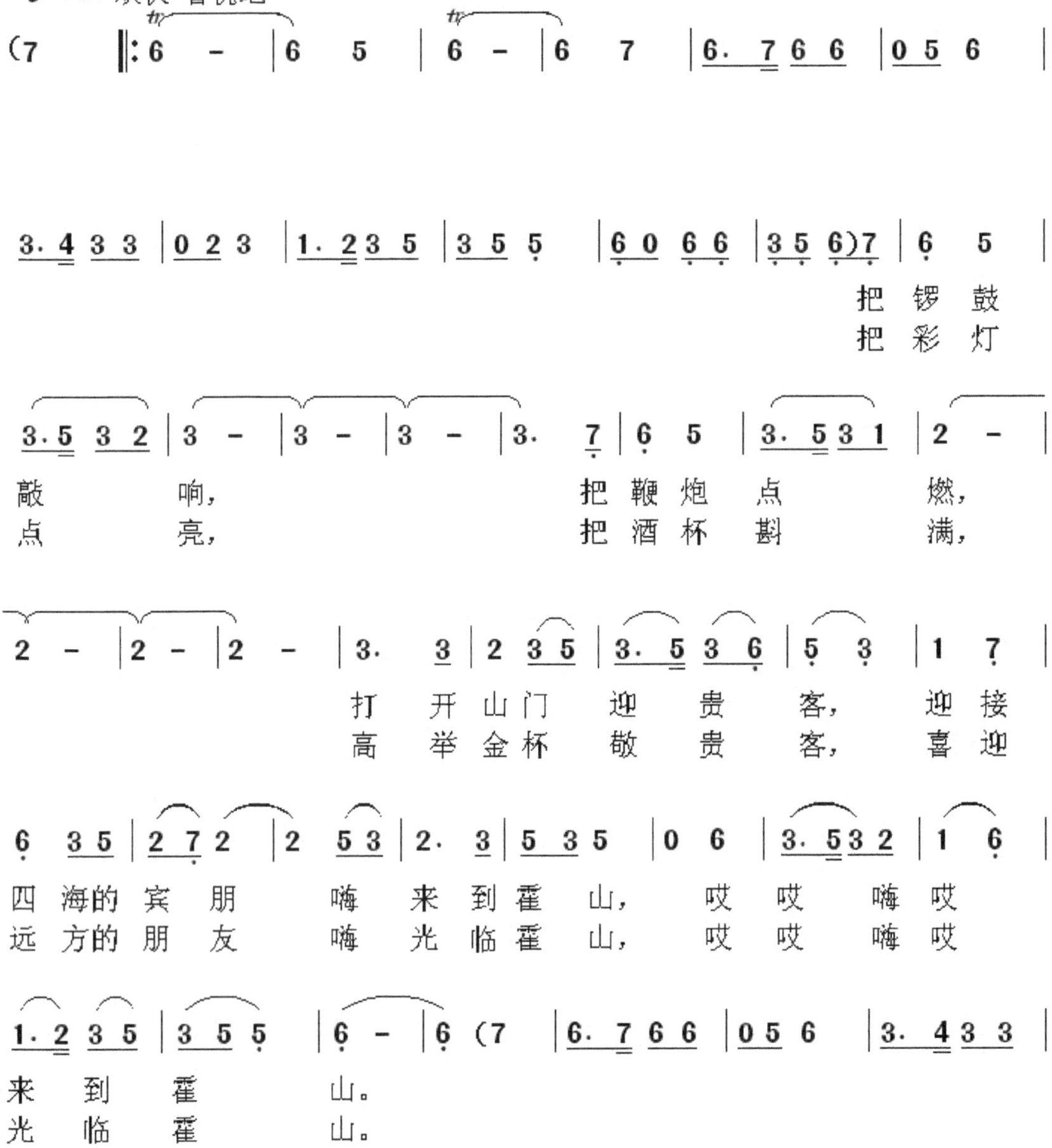

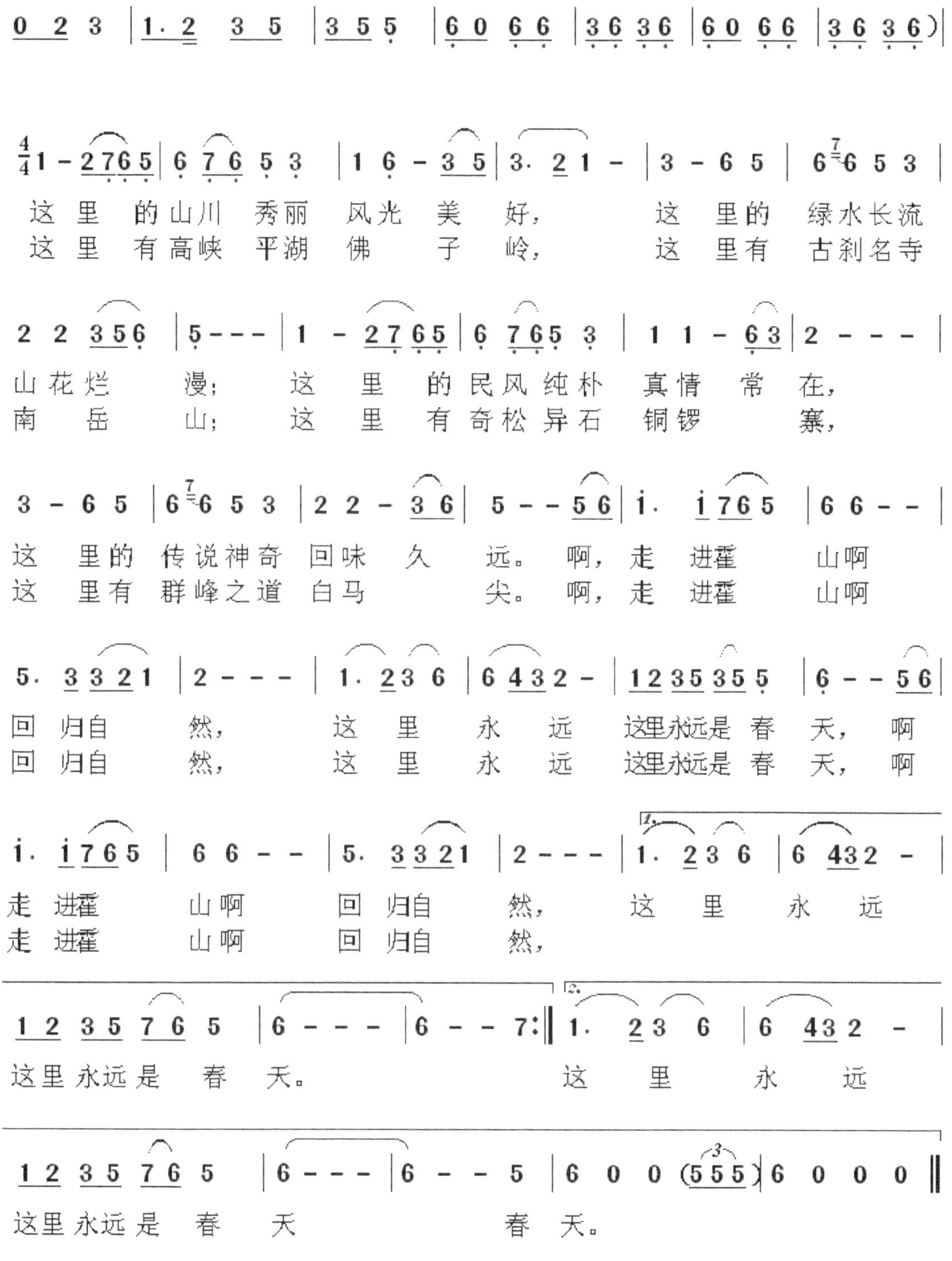
这里的山川秀丽风光美好，这里的绿水长流
这里有高峡平湖佛子岭，这里有古刹名寺
山花烂漫；这里的民风纯朴真情常在，
南岳山；这里有奇松异石铜锣寨，
这里的传说神奇回味久远。啊，走进霍山啊
这里有群峰之道白马尖。啊，走进霍山啊
回归自然，这里永远这里永远是春天，啊
回归自然，这里永远这里永远是春天，啊
走进霍山啊回归自然，这里永远
走进霍山啊回归自然，
这里永远是春天。这里永远
这里永远是春天春天。

大别山，美丽的妈妈

赵敏 词
赵敏 曲

1=♭E 6/8
中速深情地

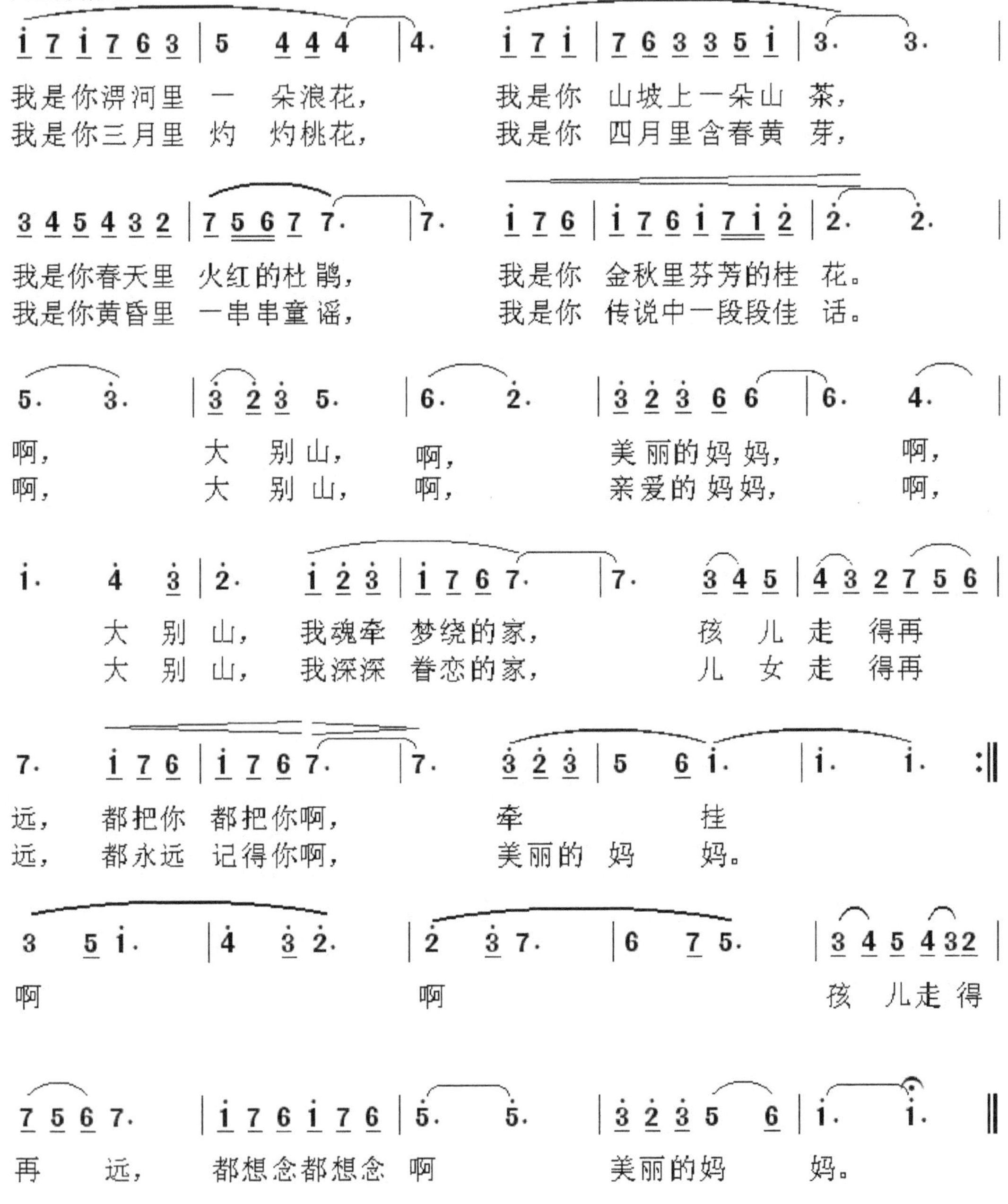

皖西畅想

1=♭E $\frac{4}{4}$
中速 深情地

赵敏曲
赵敏词

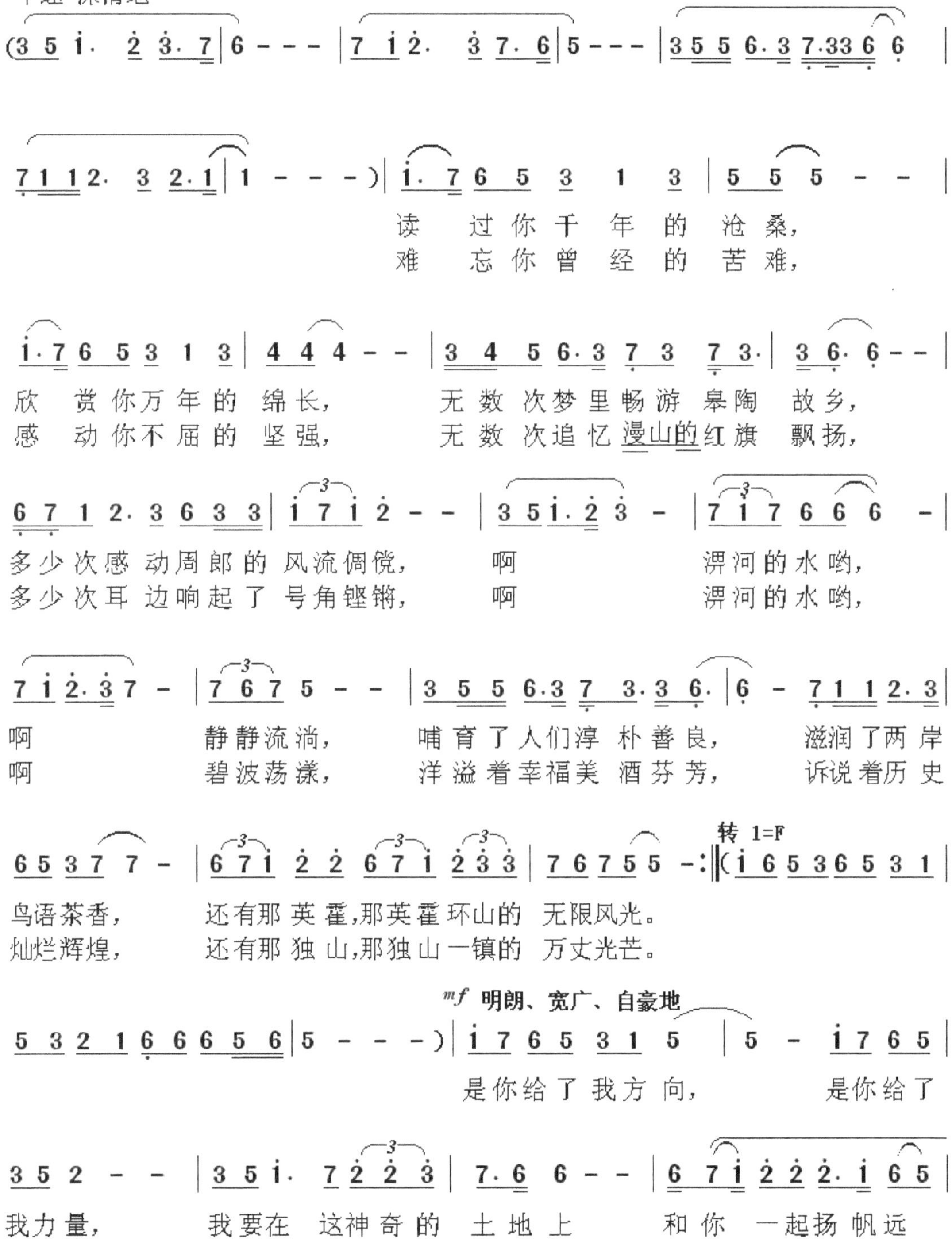

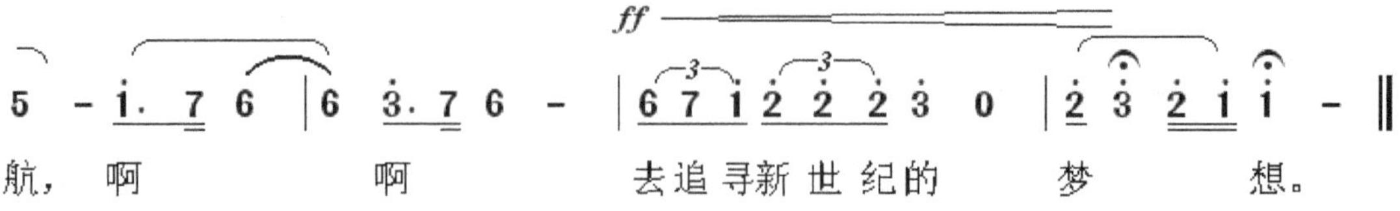

六安市委宣传部2013年度文艺精品创作生产计划项目：皖西民歌艺术创作（六宣发[2013]15号文件）。

八月桂花梦

1=♭E $\frac{4}{4}$
自由地

赵敏 曲
赵敏 词

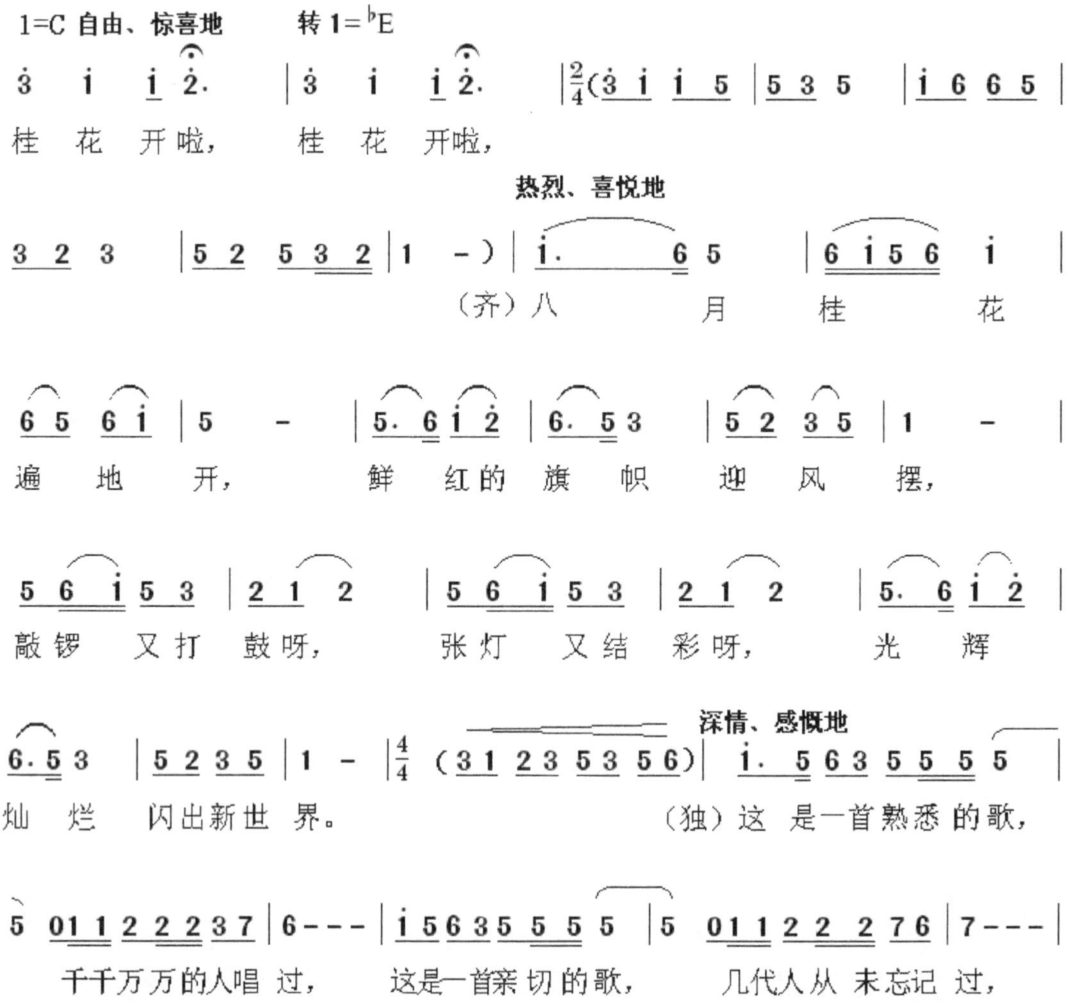

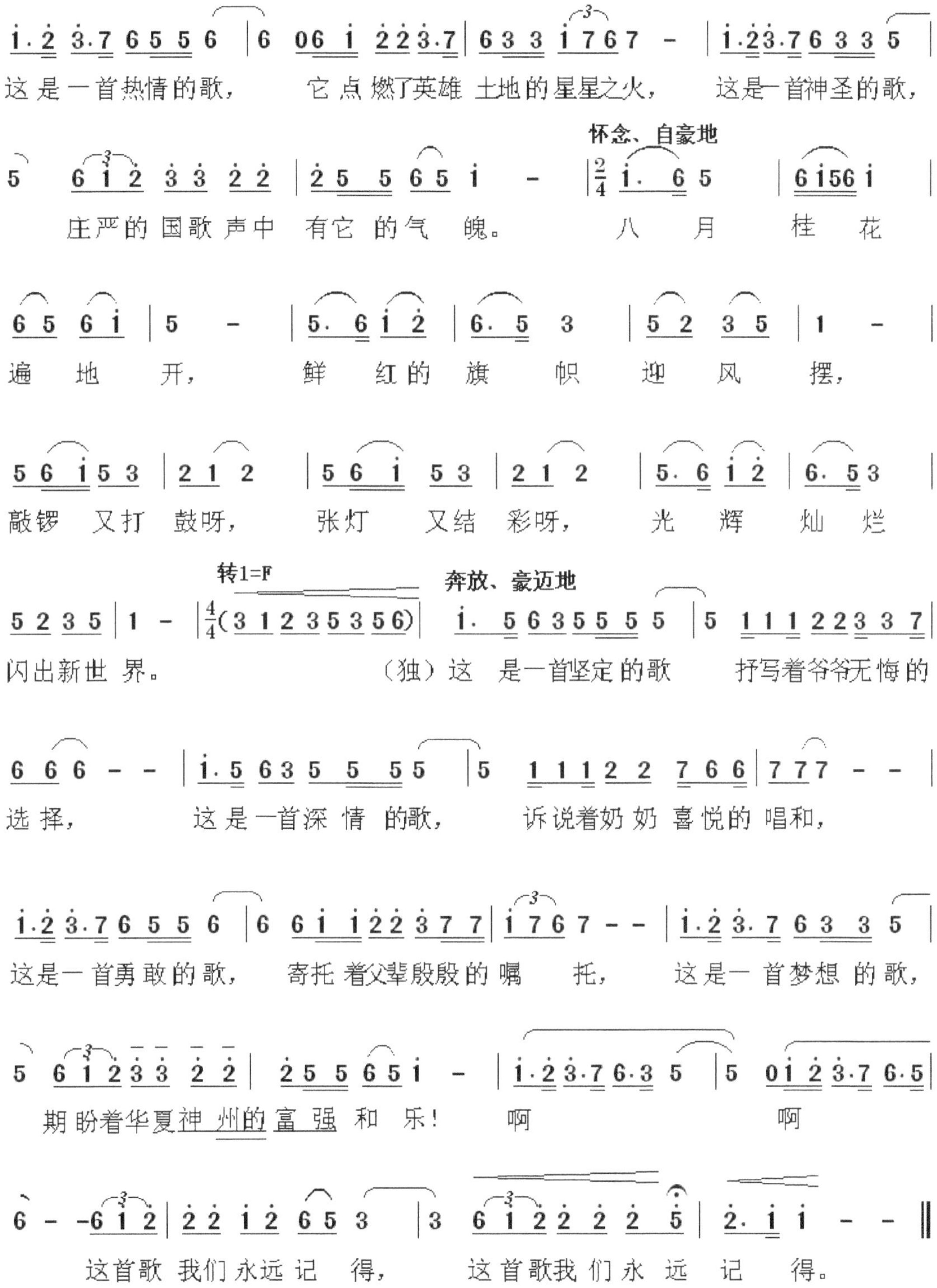
这是一首热情的歌，它点燃了英雄土地的星星之火，这是一首神圣的歌，
庄严的国歌声中有它的气魄。
怀念、自豪地
八月桂花
遍地开，鲜红的旗帜迎风摆，
敲锣又打鼓呀，张灯又结彩呀，光辉灿烂
闪出新世界。
转1=F
奔放、豪迈地
（独）这是一首坚定的歌抒写着爷爷无悔的
选择，这是一首深情的歌，诉说着奶奶喜悦的唱和，
这是一首勇敢的歌，寄托着父辈殷殷的嘱托，这是一首梦想的歌，
期盼着华夏神州的富强和乐！啊啊
这首歌我们永远记得，这首歌我们永远记得。

皖西情韵

赵敏 词
赵敏 曲

1=♭E 4/4
自由地

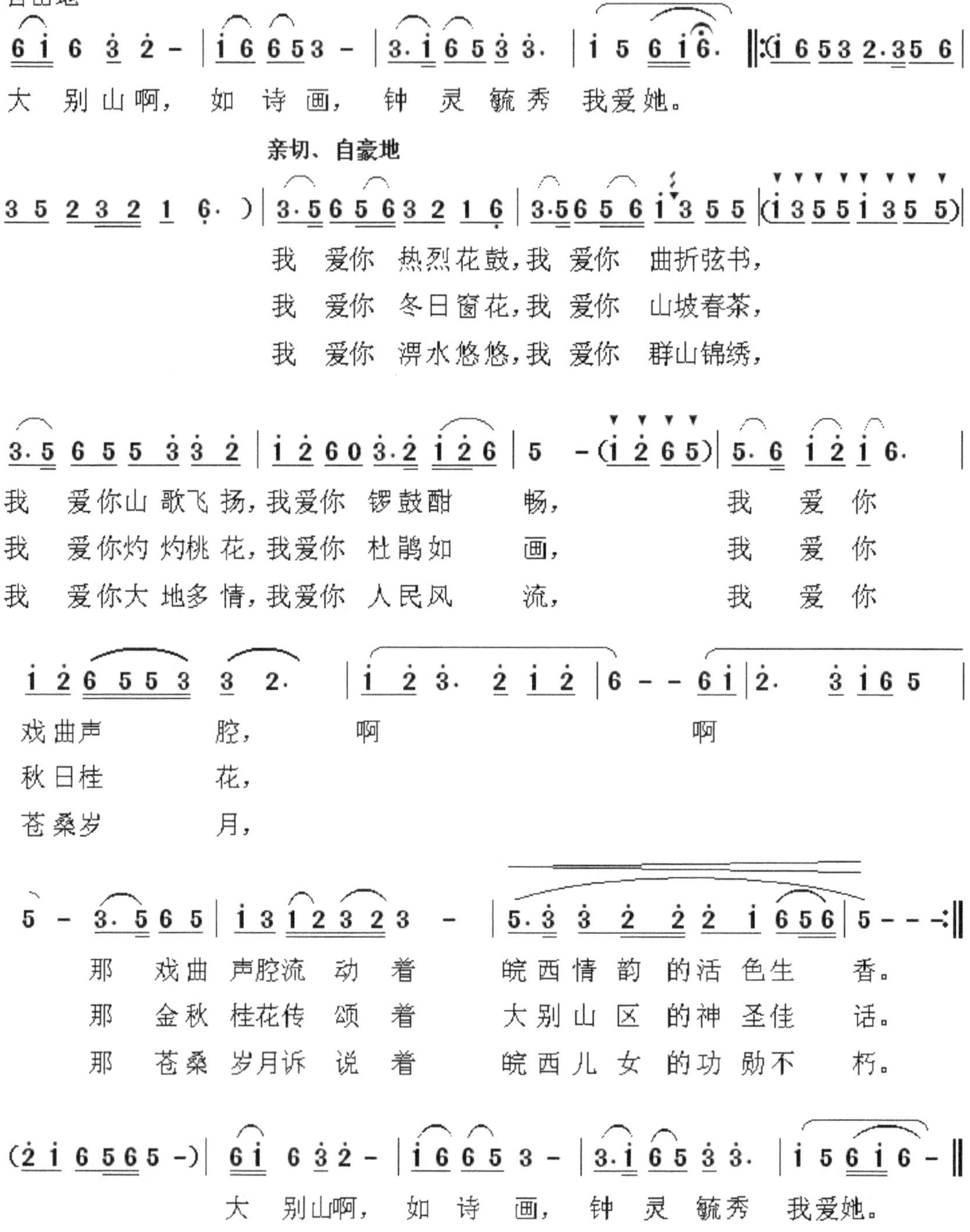

大别山，我的故乡

田志强 词
胡耀武 曲

1=F或1=G $\frac{4}{4}$

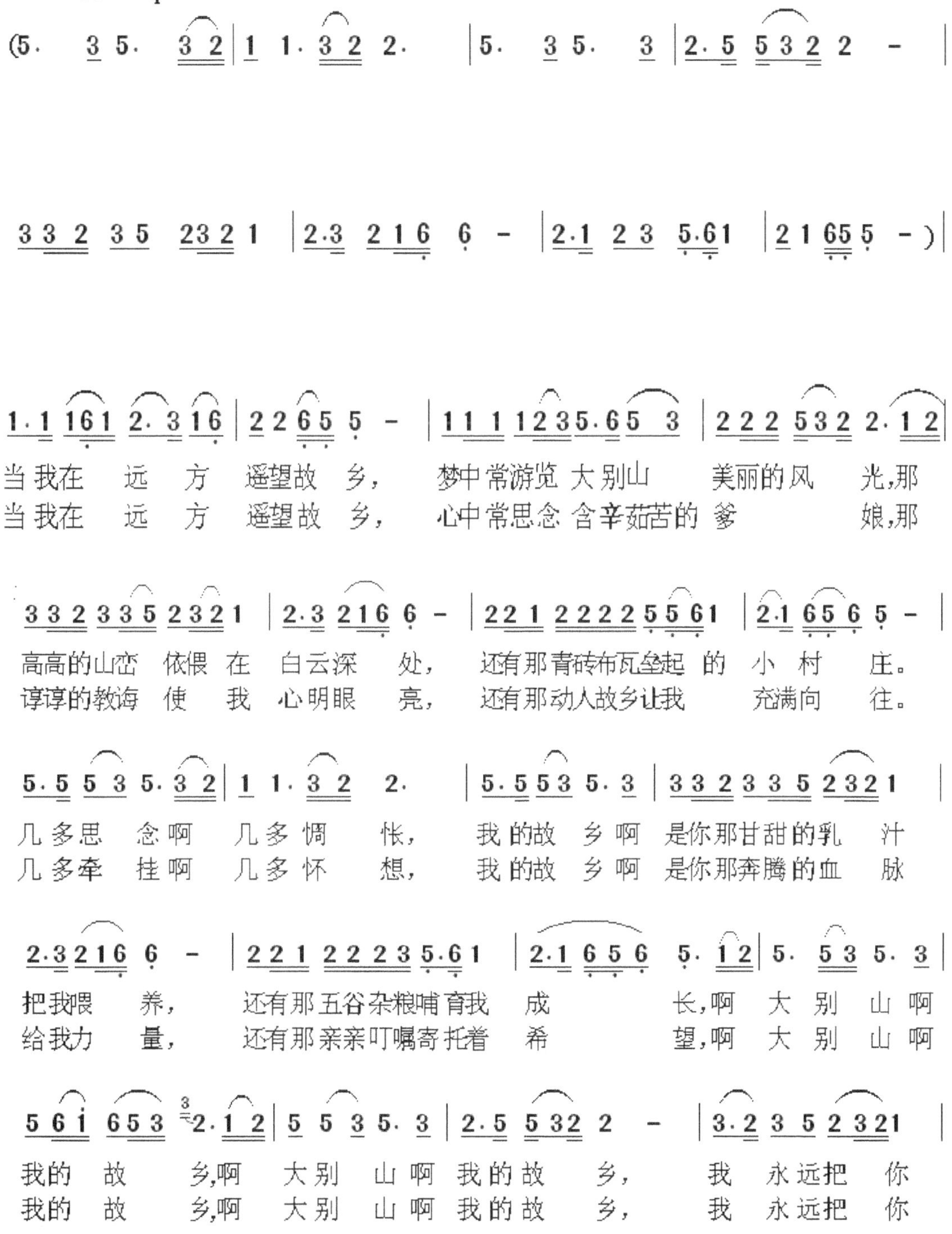

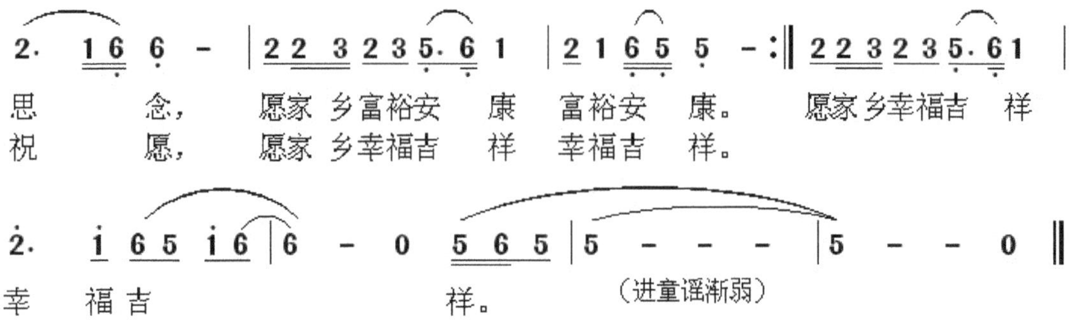

声声茶歌迎客来

马贤炯 词
王成瑞 曲

1=♭B $\frac{2}{4}$
自由开朗地

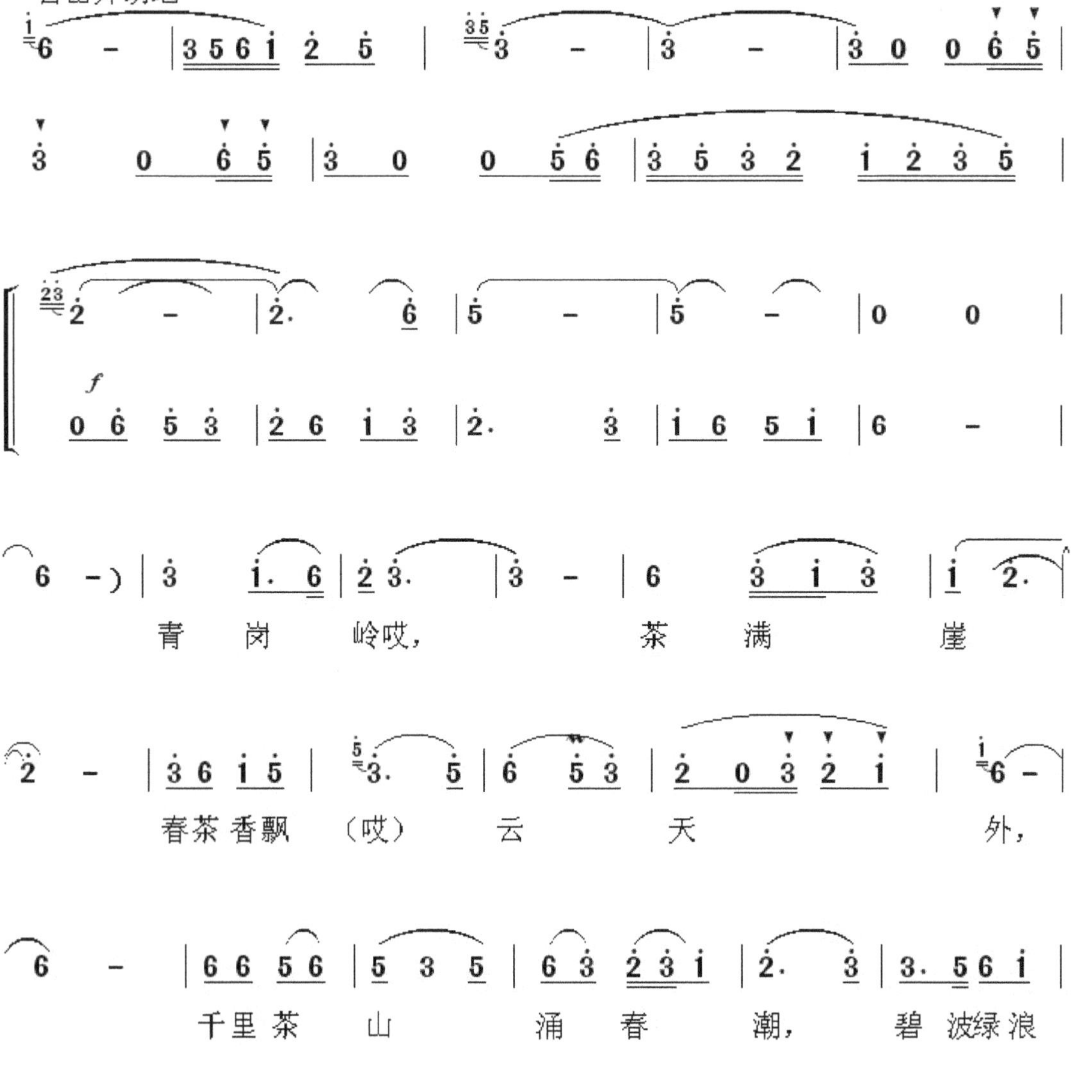

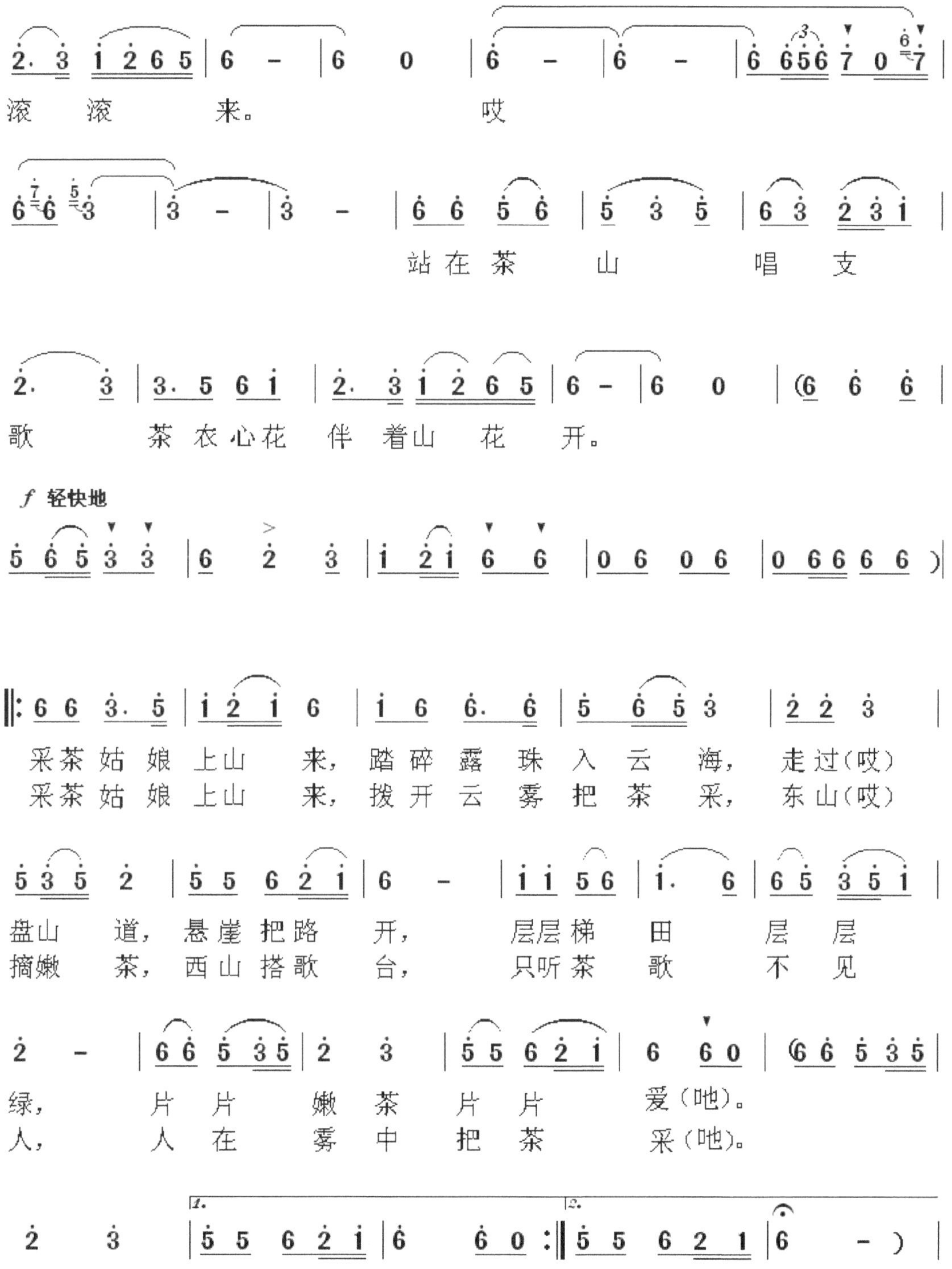
滚 滚 来。 哎
站在茶 山 唱 支
歌 茶衣心花 伴 着山 花 开。
f 轻快地
采茶姑娘上山来，踏碎露珠入云海，走过(哎)
采茶姑娘上山来，拨开云雾把茶采，东山(哎)
盘山道，悬崖把路开，层层梯田层层
摘嫩茶，西山搭歌台，只听茶歌不见
绿，片片嫩茶片片爱(吔)。
人，人在雾中把茶采(吔)。

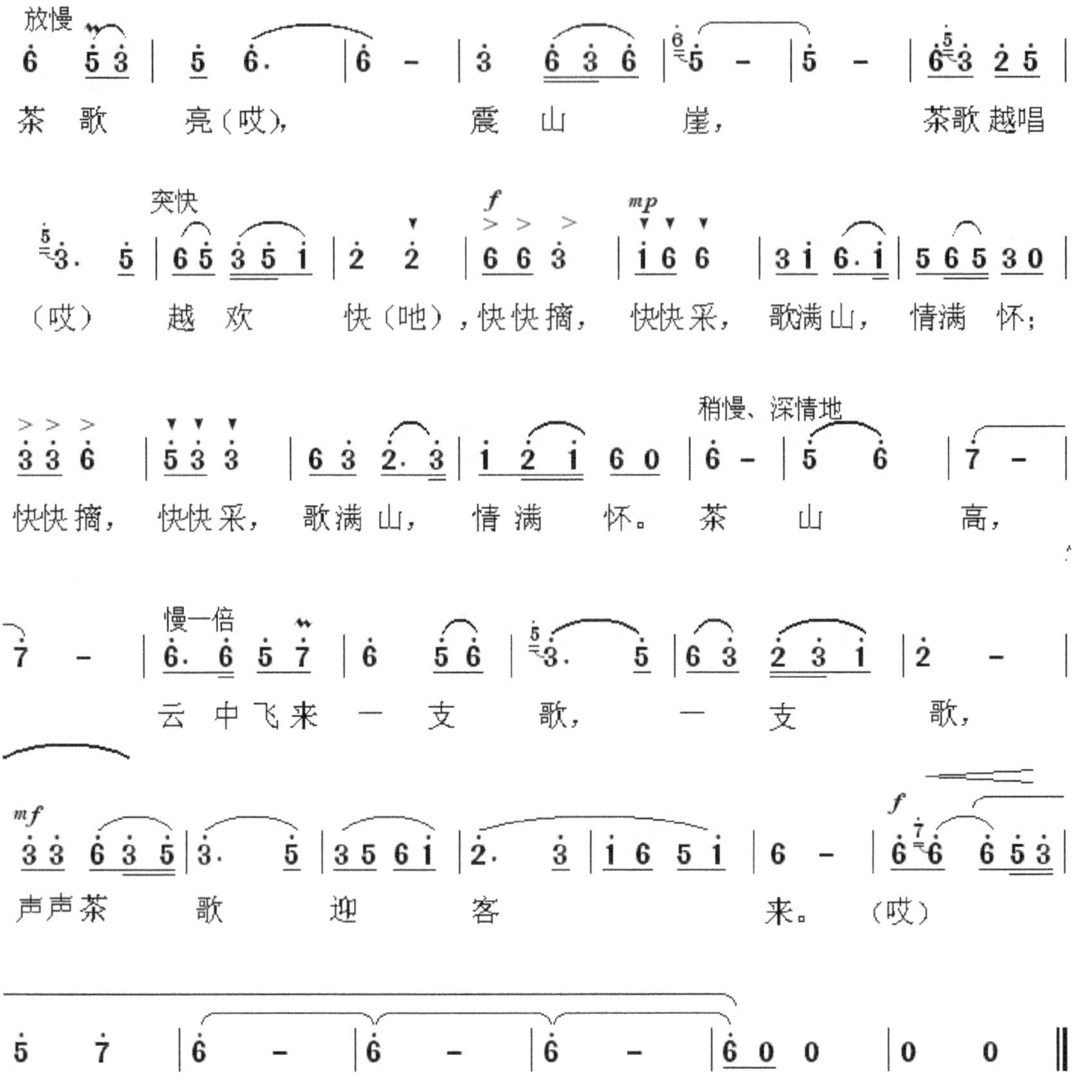
放慢
茶歌亮（哎），震山崖，茶歌越唱
突快
（哎）越欢快（吔），快快摘，快快采，歌满山，情满怀；
稍慢、深情地
快快摘，快快采，歌满山，情满怀。茶山高，
慢一倍
云中飞来一支歌，一支歌，
声声茶歌迎客来。（哎）

六安茶歌

（女声独唱）

鲍传龙 词

梁　明 曲

1＝F $\frac{4}{4}$

甜美地

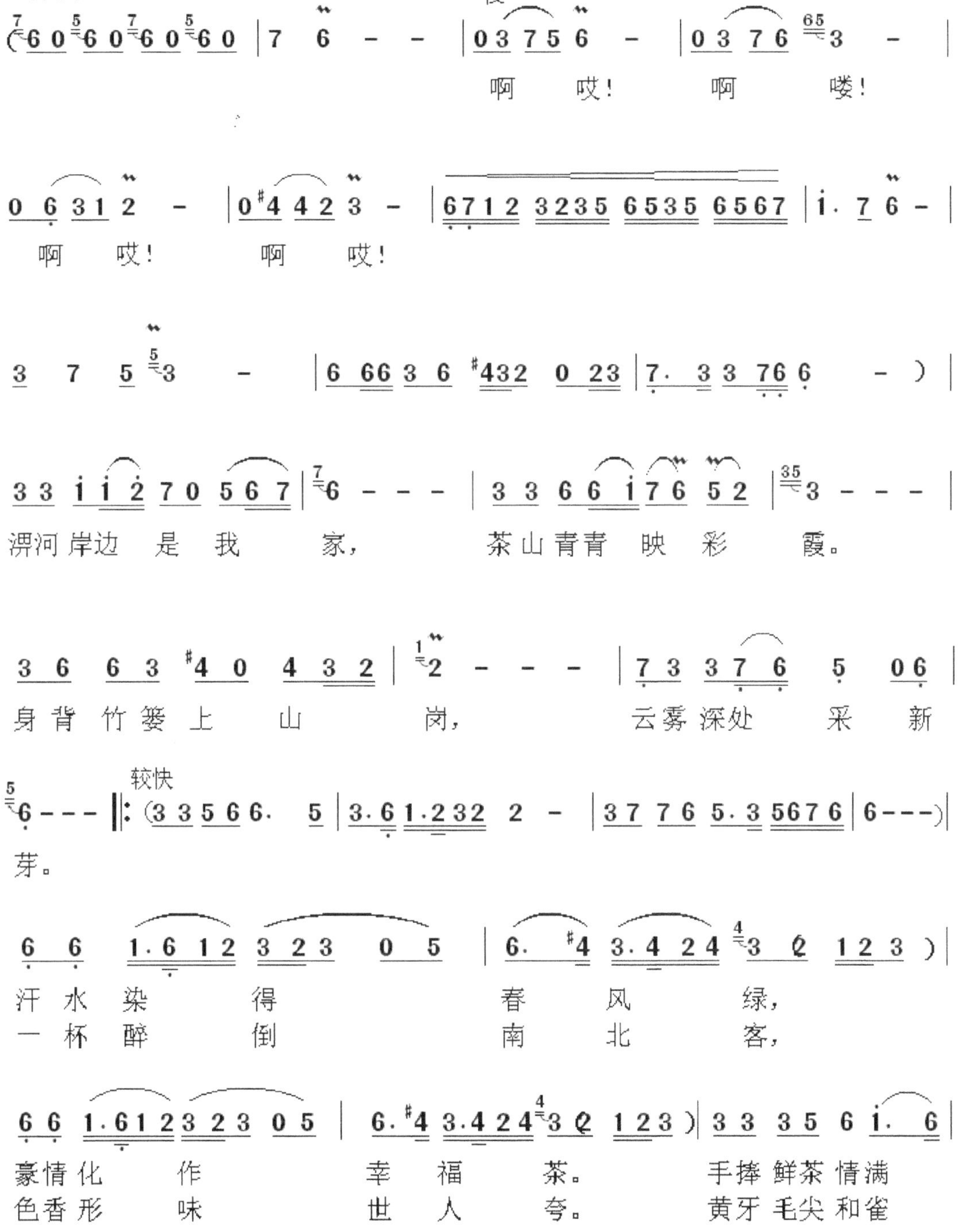

怀， 远方朋友请 喝 茶。 啊 啊！
舌， 六安瓜片小 兰 花。 啊 啊！
茶乡喜 逢 好 岁 月， 山歌一曲 向 天 涯。
一旗一 枪 总 关 情，
誉满四海 六 安 茶。 淠河岸边 是 我
家， 茶山青青 映 彩 霞。 身背竹篓上 山
渐慢
岗， 云 霞深处采 新 芽。

霍山风光美

1=A $\frac{2}{4}$
民歌风 深情地

梁　明　曲
余小明　词

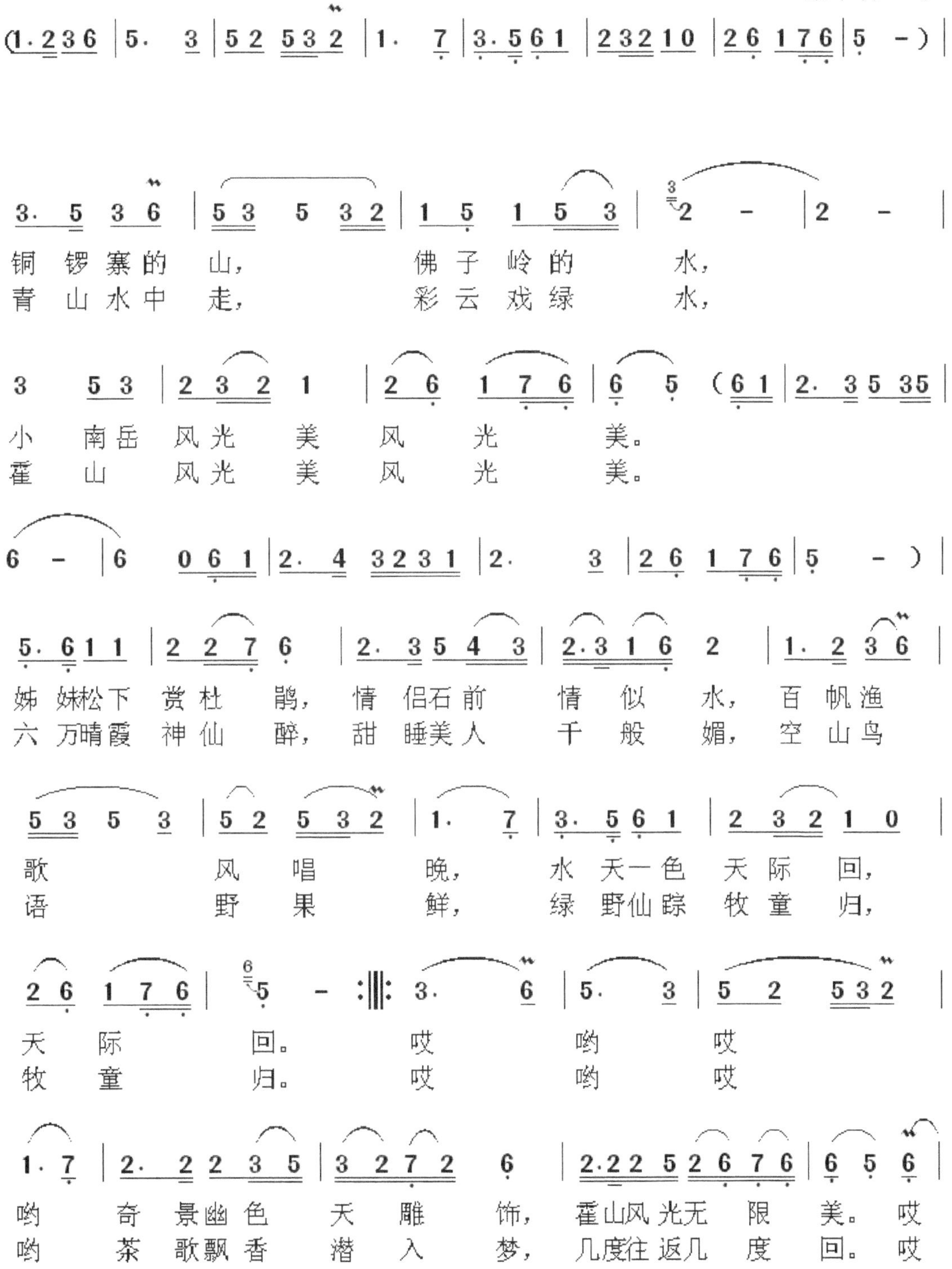

八公山

女声独唱

魏 艺 曲
朱多良 词

1=♭E 4/4 2/4
竹笛引奏 山清水秀

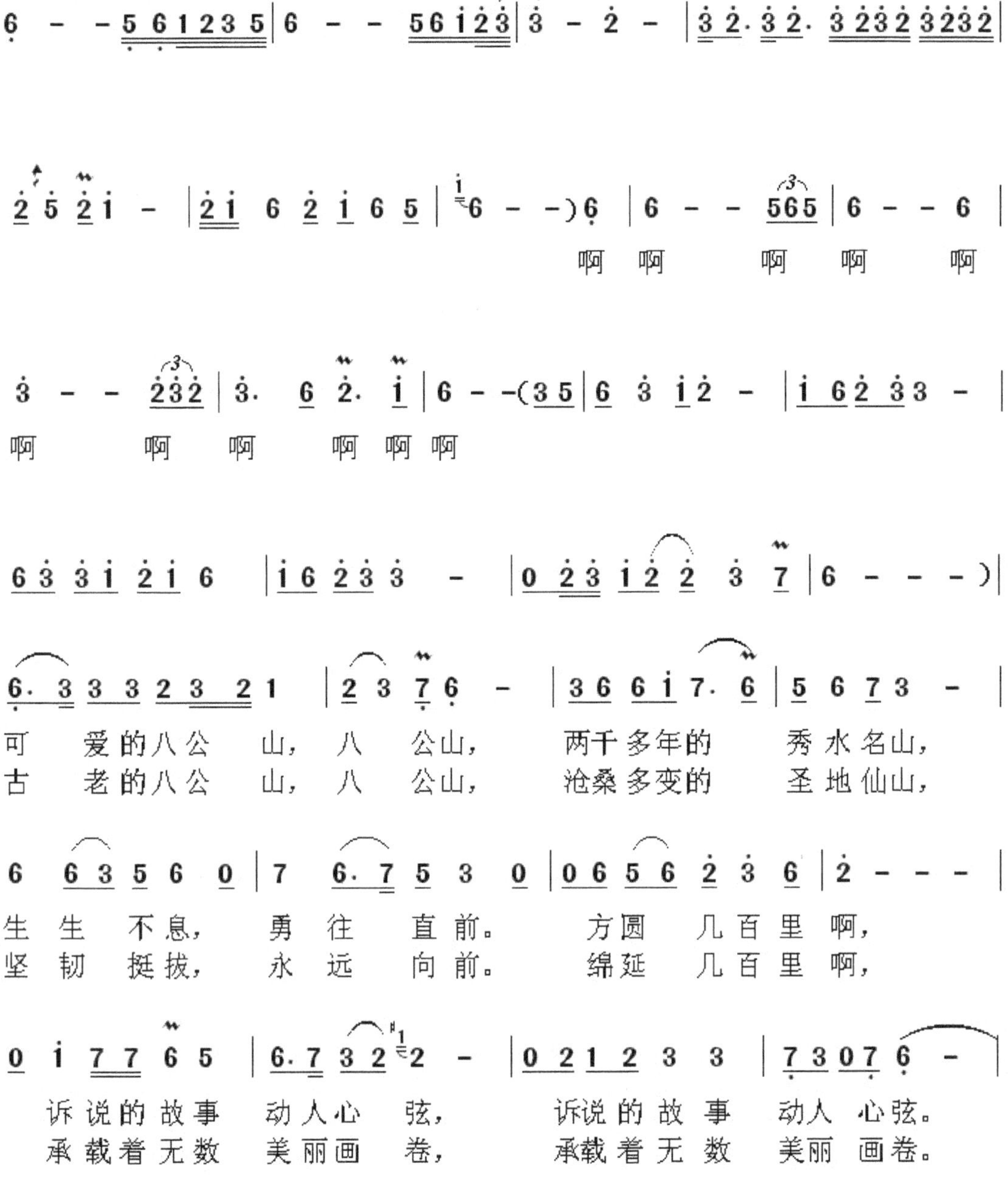

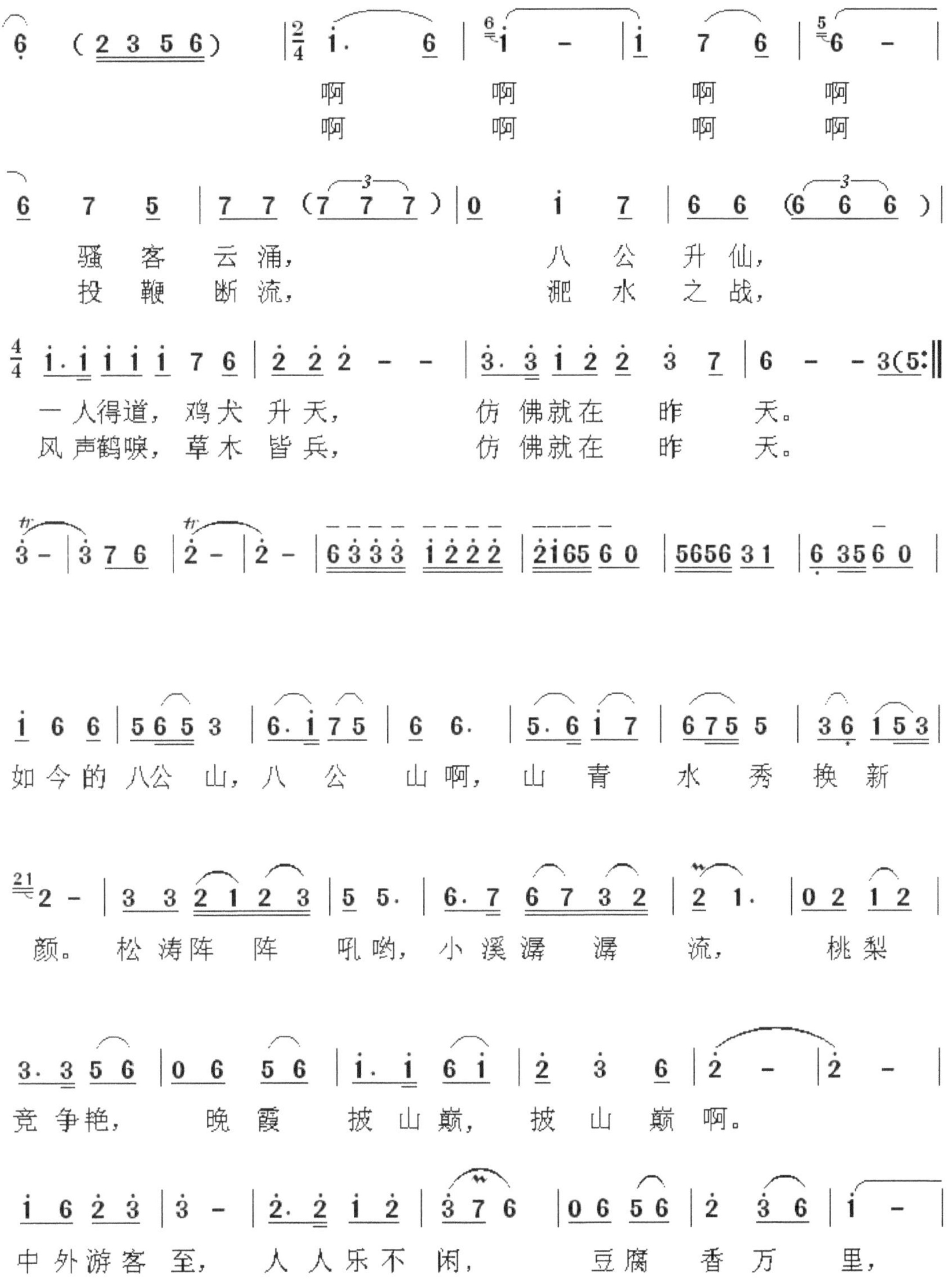
啊 啊 啊 啊
啊 啊 啊 啊
骚客云涌，八公升仙，
投鞭断流，淝水之战，
一人得道，鸡犬升天，仿佛就在昨天。
风声鹤唳，草木皆兵，仿佛就在昨天。
如今的八公山，八公山啊，山青水秀换新颜。
松涛阵阵吼哟，小溪潺潺流，桃梨竞争艳，晚霞披山巅，披山巅啊。
中外游客至，人人乐不闲，豆腐香万里，

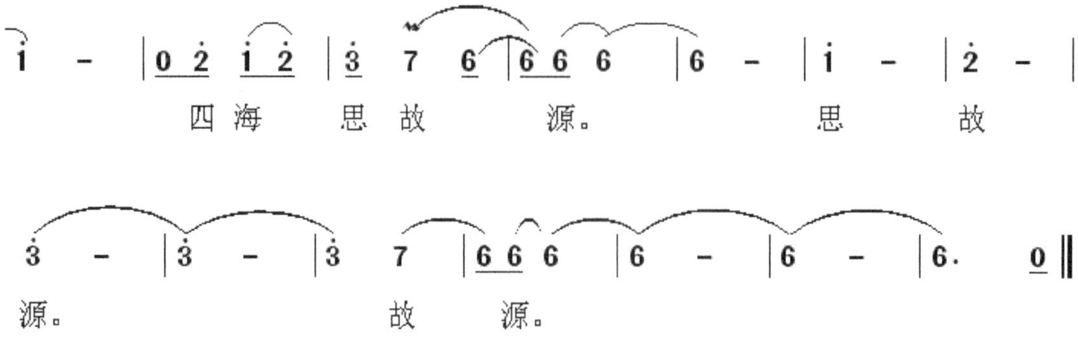

望山恨

新民歌

1=C 4/4

♩=66 稍慢 抒情

梁柱曲

管亚伟词

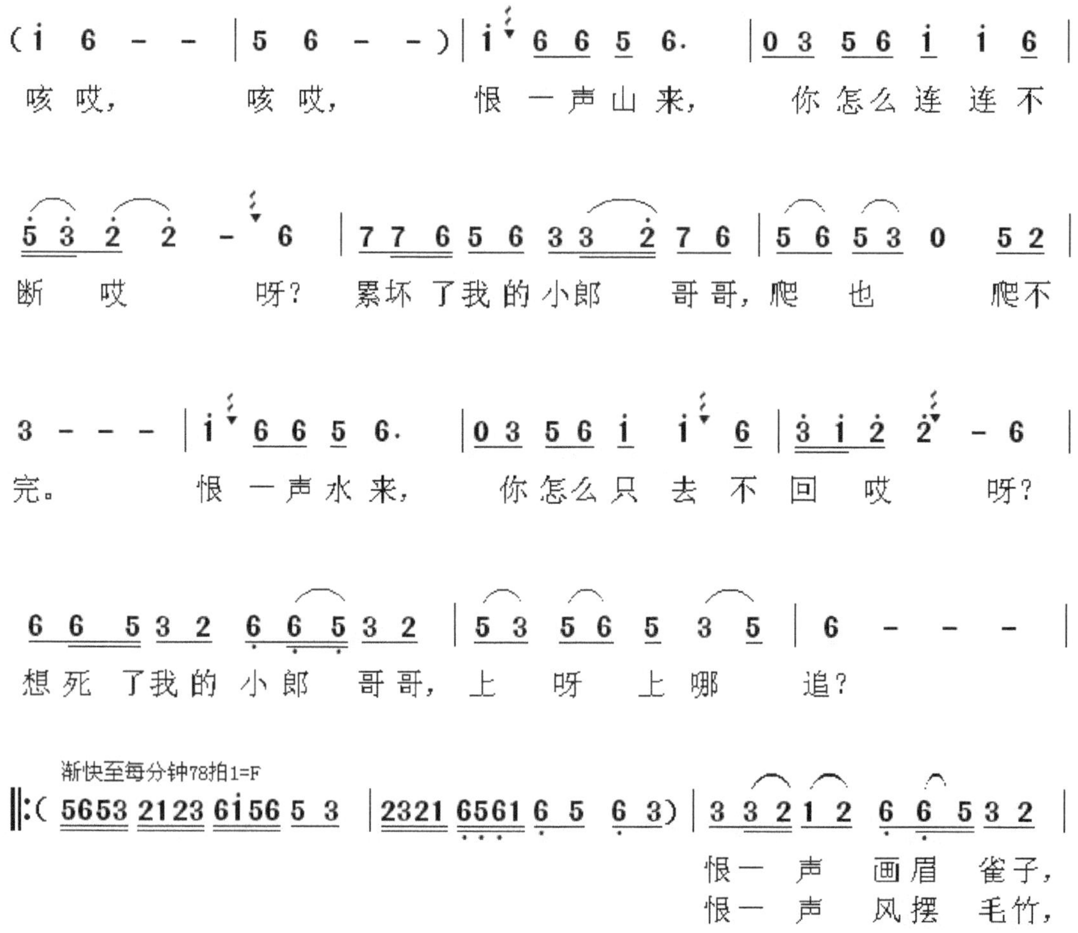

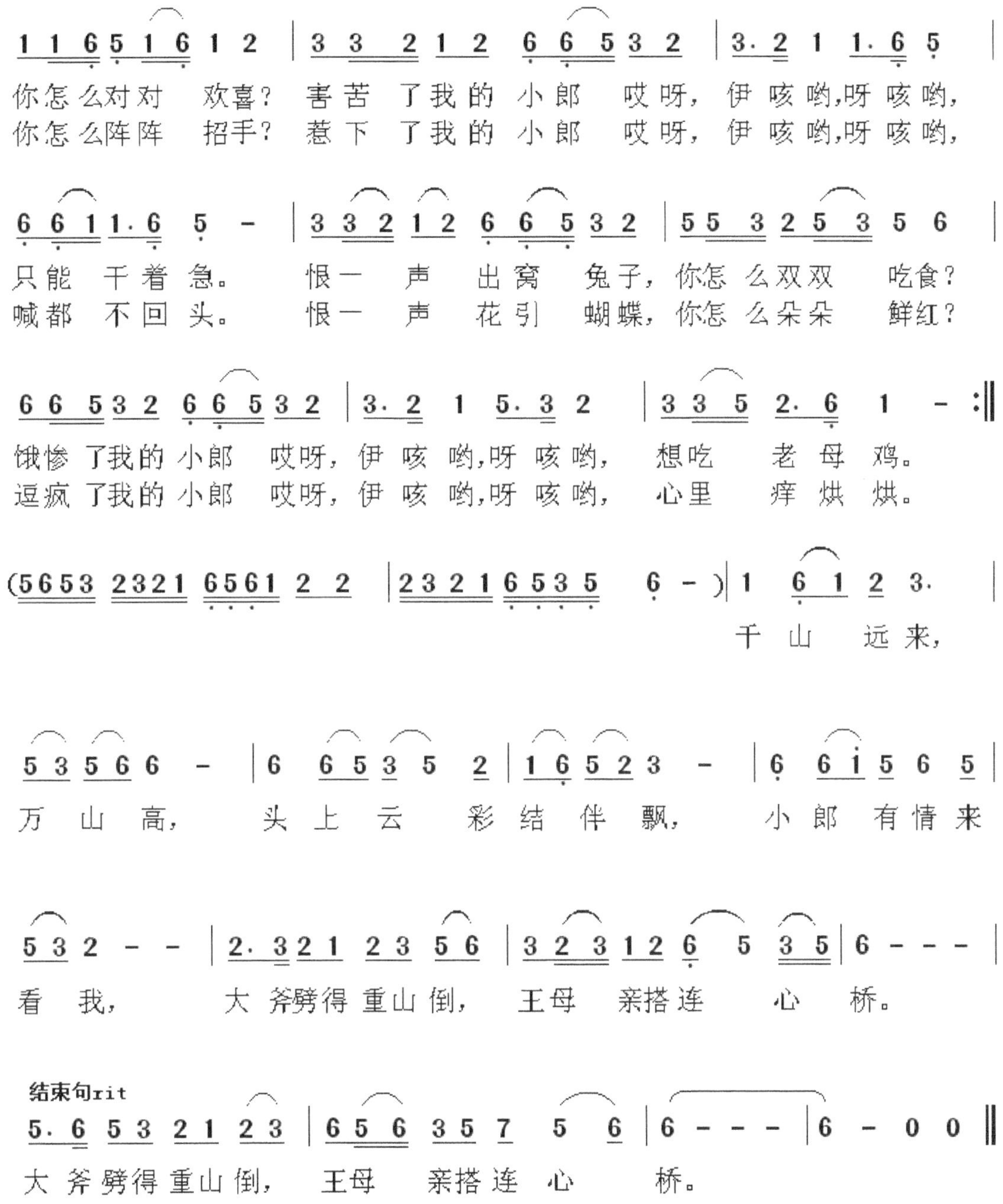
你怎么对对 欢喜？害苦 了我的 小郎 哎呀，伊 咳哟,呀 咳哟，
你怎么阵阵 招手？惹下 了我的 小郎 哎呀，伊 咳哟,呀 咳哟，
只能 干着 急。恨一 声 出窝 兔子，你怎 么双双 吃食？
喊都 不回 头。恨一 声 花引 蝴蝶，你怎 么朵朵 鲜红？
饿惨 了我的 小郎 哎呀，伊 咳 哟,呀 咳哟，想吃 老 母 鸡。
逗疯 了我的 小郎 哎呀，伊 咳 哟,呀 咳哟，心里 痒 烘 烘。
千 山 远 来，
万 山 高，头 上 云 彩 结 伴 飘，小 郎 有 情 来
看 我，大 斧劈得 重山 倒，王母 亲搭 连 心 桥。
结束句rit
大 斧 劈得 重山 倒，王母 亲搭 连 心 桥。

山坡牛

男生独唱

1=♭E $\frac{4}{4}$ 李 平 曲

每分钟约78拍 略感悲凉地 李 平 词

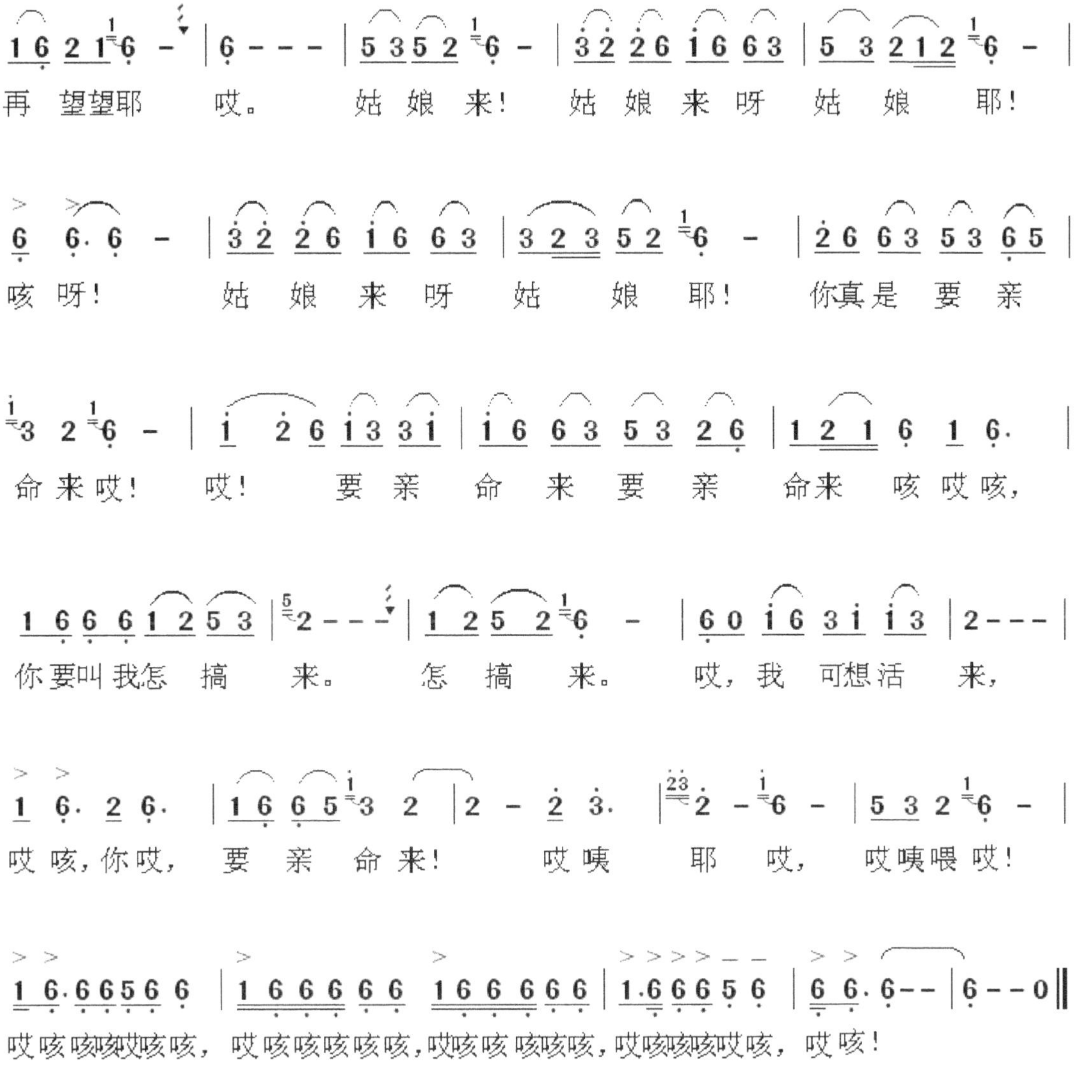
再 望望耶 哎。 姑 娘 来！ 姑 娘 来 呀 姑 娘 耶！
咳 呀！ 姑 娘 来 呀 姑 娘 耶！ 你真是 要 亲
命 来 哎！ 哎！ 要 亲 命 来 要 亲 命来 咳 哎 咳，
你 要叫 我怎 搞 来。 怎 搞 来。 哎，我 可想 活 来，
哎 咳，你 哎， 要 亲 命 来！ 哎 咦 耶 哎， 哎 咦 喂 哎！
哎 咳 咳咳哎咳咳， 哎 咳 咳 咳 咳 咳，哎咳 咳 咳咳咳，哎咳咳咳哎咳， 哎 咳！

万佛湖

李春吟 词
吴怀强 曲

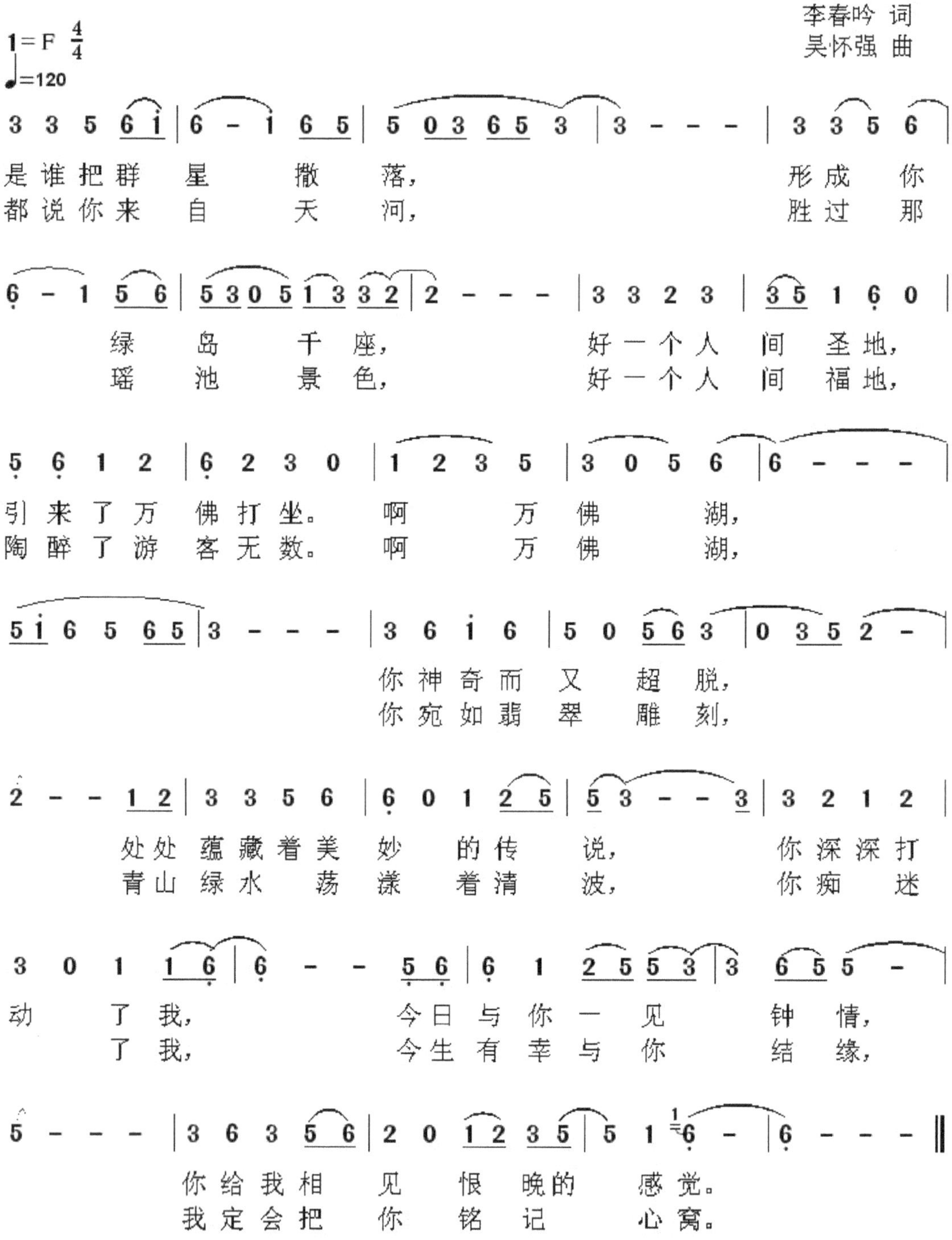

走进天堂寨

余小明 词
吴怀强 曲

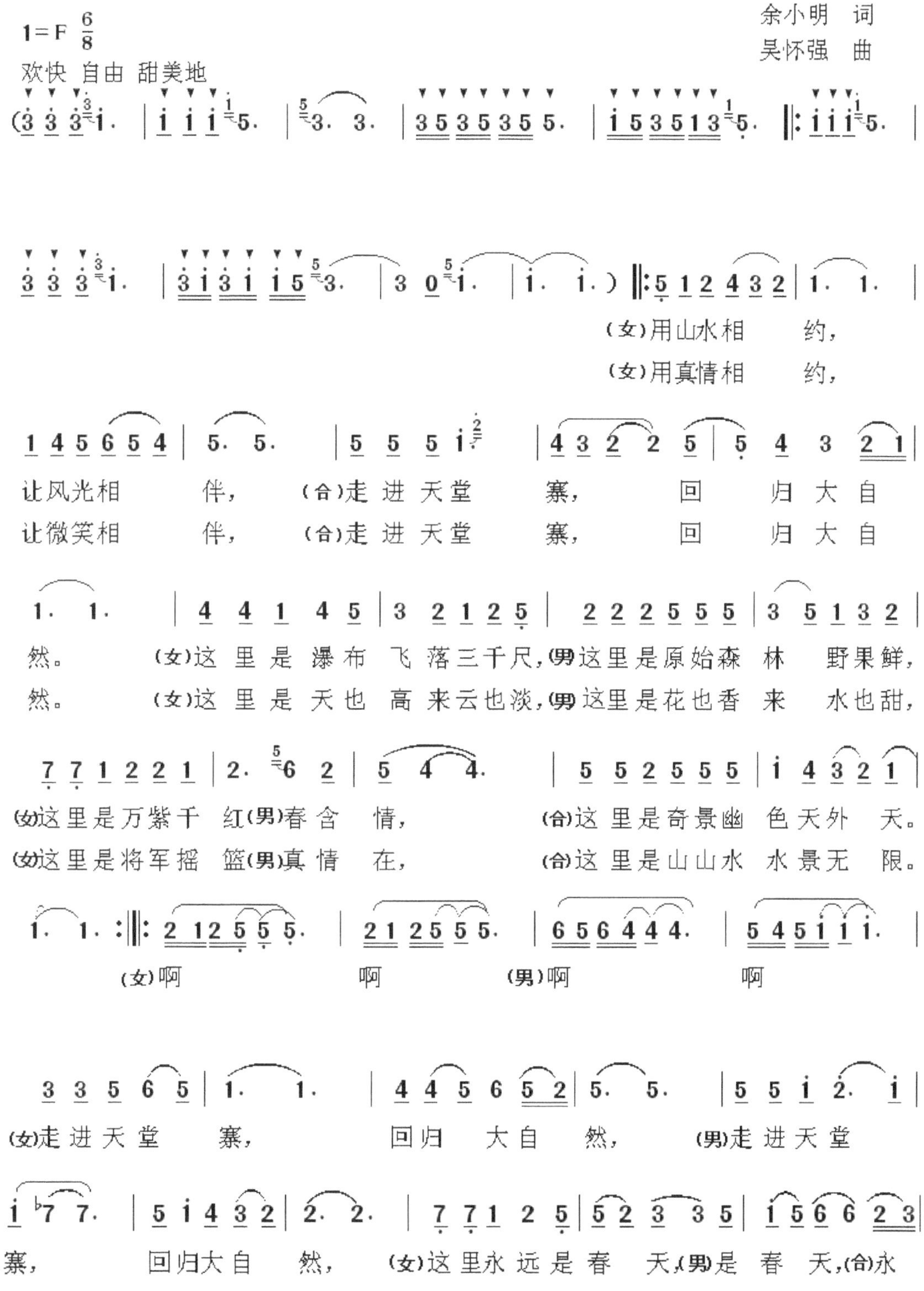

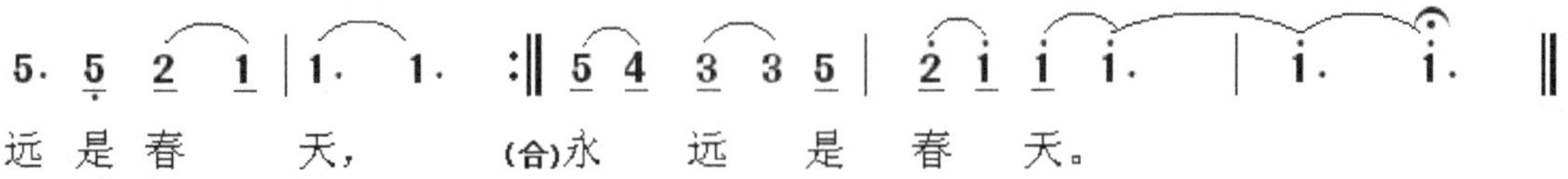

斑竹园

（独唱）

1=C $\frac{4}{4}$

中速

吴怀强 词曲

七 皖西周边地区代表性民歌

皖西地处江淮之间，位于大别山北麓，安徽省西部，俗称“皖西”。它依山傍淮，连鄂豫而衔中原，是连接东南沿海与中原腹地的咽喉，也是进出大别山的门户，自古就是沟通南北文化的桥梁，东西文化交汇融合的枢纽，特殊的地理位置更促使其在文化上成为吴楚文化和北方文化的交汇地，也是安徽省汉代文化最集中的地带之一。

人们常说“山是文化传播的屏障，水是文化交流的通道”，淠河淮水自古不仅是皖西的经济通道，同时也是文化交融的重要通道，便利的水陆交通所带来的皖西与外界的沟通，以及各个历史阶段所经历的战争促进了民族文化的融合，使得皖西地区成为淮夷文化、吴楚文化与北方文化的交汇地。这使得皖西民歌带有一定的过渡与融合色彩，即不仅带有北方质朴豪爽之音乐气质，也有南方音乐细腻婉转之特质，民歌的体裁、题材也十分丰富。

“广谷大川异制，民生其间者易俗”，不同的自然环境会形成不同的语言、风俗、审美等文化传统，这些因素毫无疑问地会反映在地方民歌中，这也是北方民歌呈质朴、浑雄、豪爽之风，而南方民歌则现婉转、细腻、清丽之韵的原因。为了让学生感受民歌的多种风格，开阔学生视野，本教材选编了皖西周边地区流传较广的一些代表性民歌作品，如皖西南部安庆地区的《山歌无本句句真》《郎望妹来妹望郎》《田宽地窄怎让开》，这些民歌明显具有南方民歌的风韵；东部滁州地区的《山歌好唱口难开》《远望乖姐顺路来》，北部五河的《打菜薹》《摘石榴》，凤阳的《凤阳花鼓》《王三姐赶集》，阜阳的《放风筝》《观灯》，蒙城的《溅了俺一身烂泥巴》等皖北民歌，则有北方民歌的质朴豪放之风；西部与皖西毗邻的湖北麻城的《喜做拥军鞋》，英山的《月到十五自团圆》，黄冈的《高高山上一棵槐》，河南商城的《对花》等，这些地方的民歌与皖西民歌既有很多共通之处，又有许多独特之处，希望通过对这些作品的学习和演唱，使学生领略到本地民歌与他乡民歌不同的艺术特征，体会皖西民歌的过渡与融合色彩，从而更深刻地感受、理解皖西民歌的艺术魅力，为皖西民歌的传承发展作出贡献。

山歌无本句句真

1=F $\frac{2}{4}$

安庆

中速

郎望妹来妹望郎

1=D $\frac{2}{4}$

安庆

中速

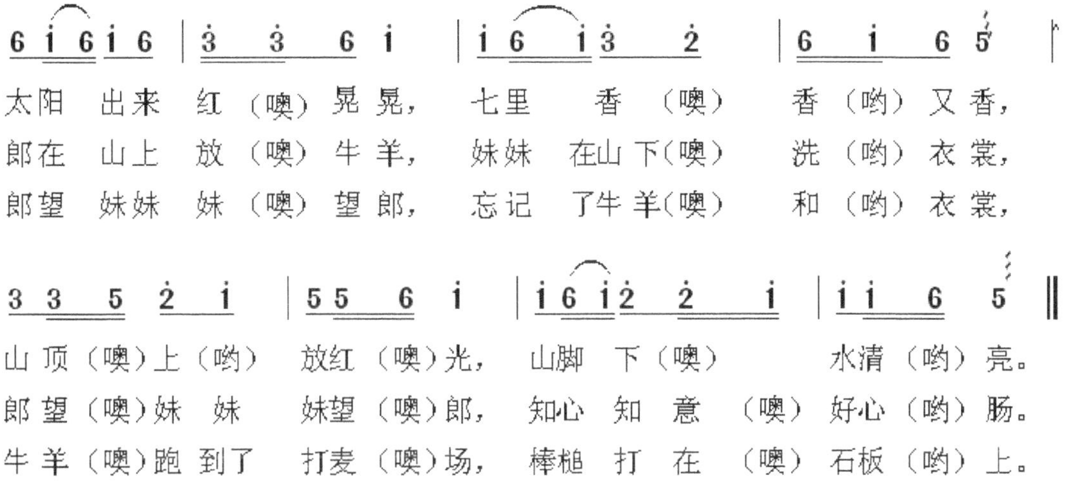

田宽路窄怎让开

（喝羊儿）

1=G $\frac{4}{4}$

安庆

中速

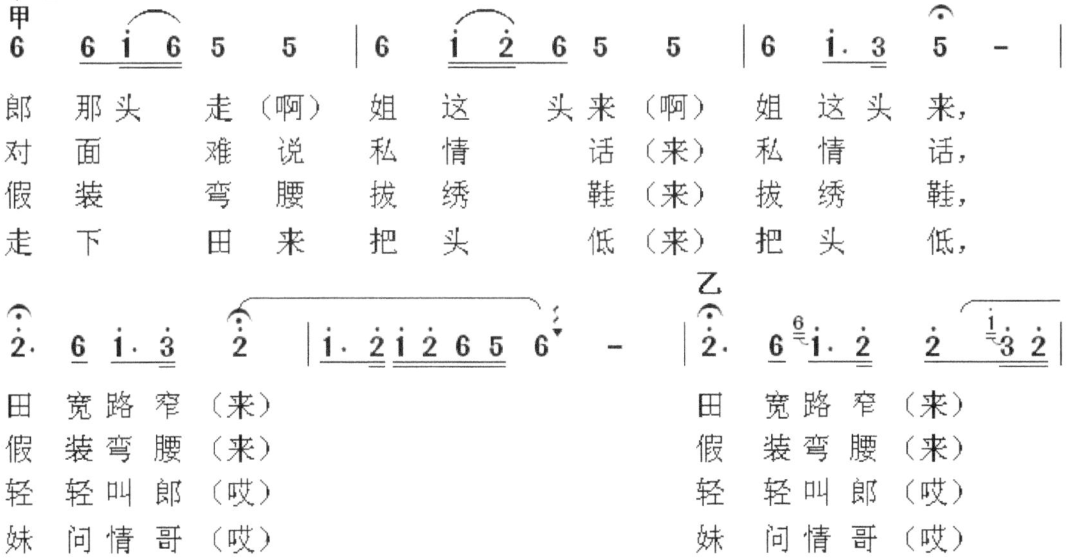

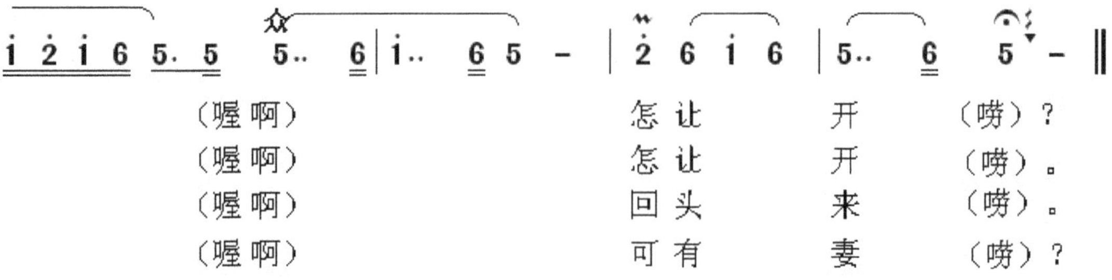

5．郎的妻子就是你（呀）就是你，你在人前（哎）你在人前（哎）（喔啊）莫要提（唠）。
6．你在人前莫要提（啊）莫要提，莲蓬结子（哎）莲蓬结子（哎）（喔啊）在心里（唠）。

山歌好唱口难开

（丫头调）

1=A 2/4
中速

滁州

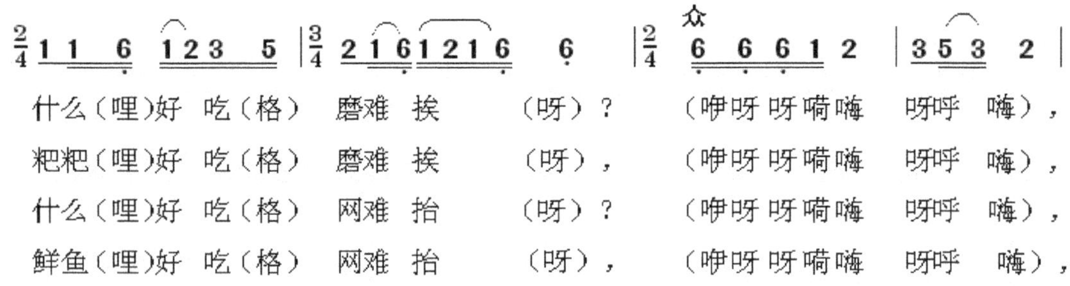

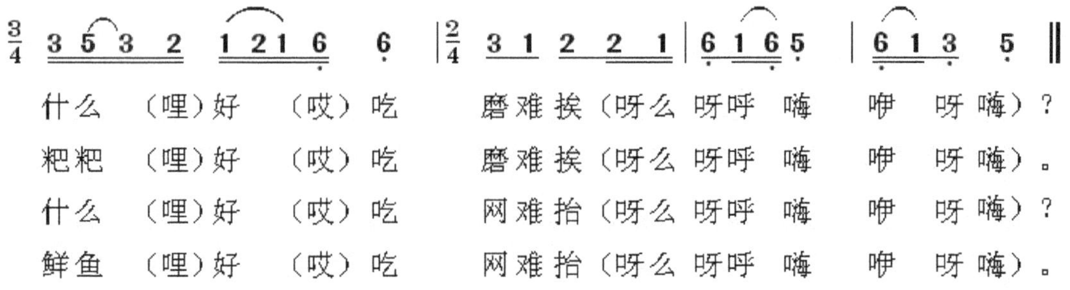

远望乖姐顺路来

（杨二姐调）

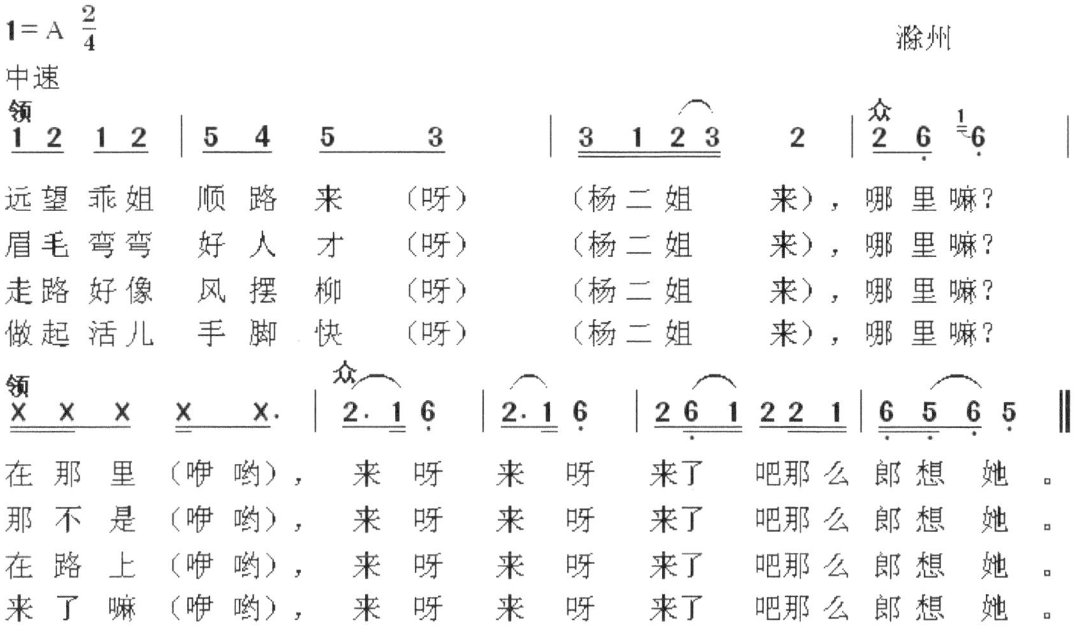

放风筝

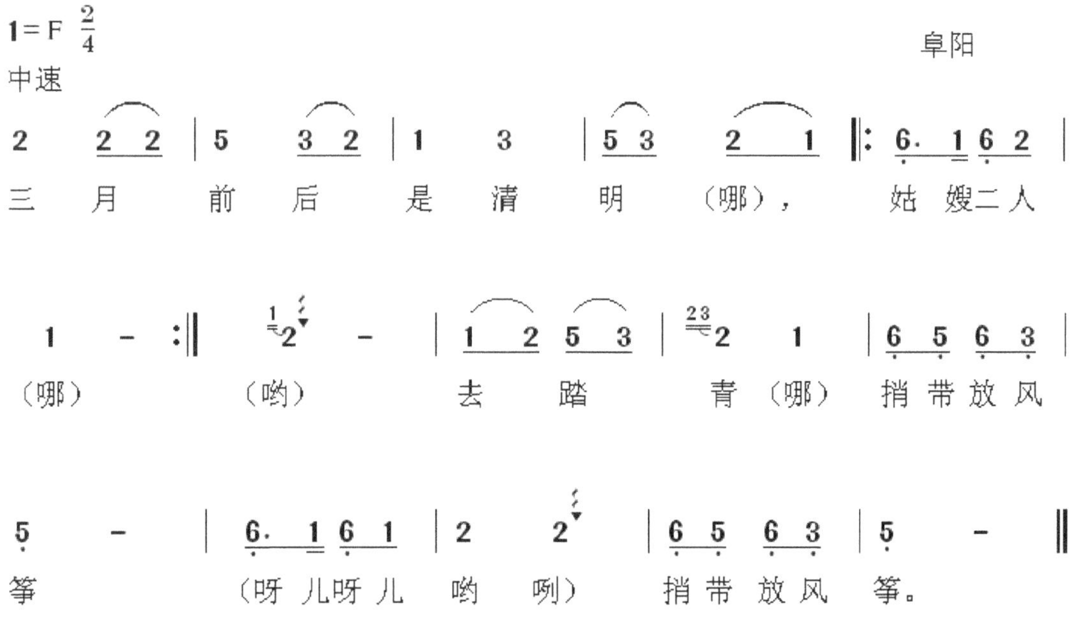

打 菜 薹

1=D $\frac{2}{4}$

五河

中速

摘石榴

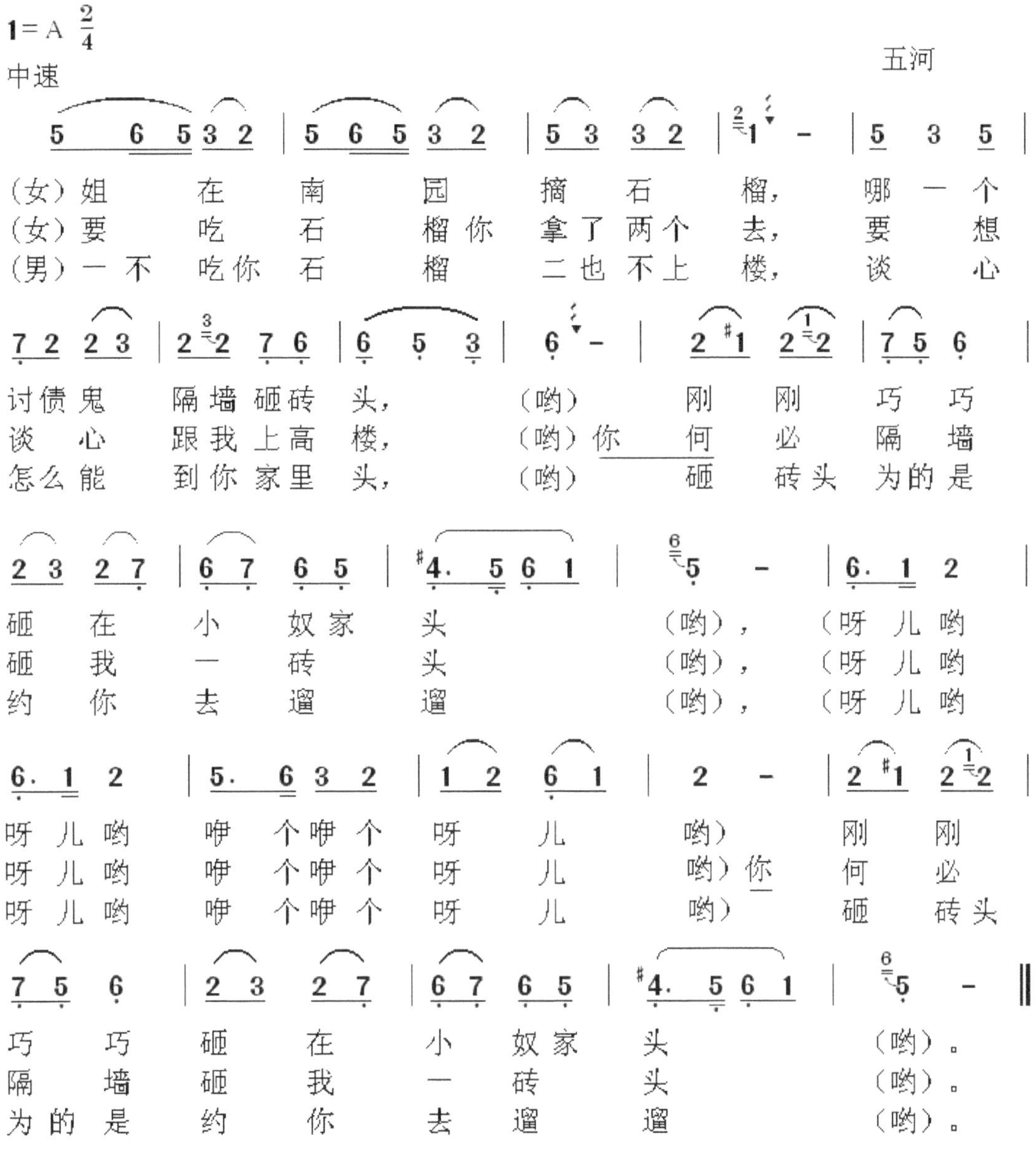

4. (女)昨个天我为你挨了一顿打，今个天我为你又挨了一顿骂(哟)，挨打受骂都为你小冤家(哟)，(呀儿哟呀儿哟咿个咿个呀儿哟)挨打受骂都为你小冤家(哟)。

5. (男)听说你挨骂我心难受，妹妹挨打如割我的肉(哟)，你不如跟我一道去下扬州(哟)，(呀儿哟呀儿哟咿个咿个呀儿哟)你不如跟我一道去下扬州(哟)。

6. (女)听说下扬州正中我心头，打一个包袱跟你一道走(哟)，一下扬州再也不回头(哟)，(呀儿哟呀儿哟咿个咿个呀儿哟)一下扬州再也不回头(哟)。

观　灯

1=C $\frac{2}{4}$

中速

阜阳

凤阳花鼓

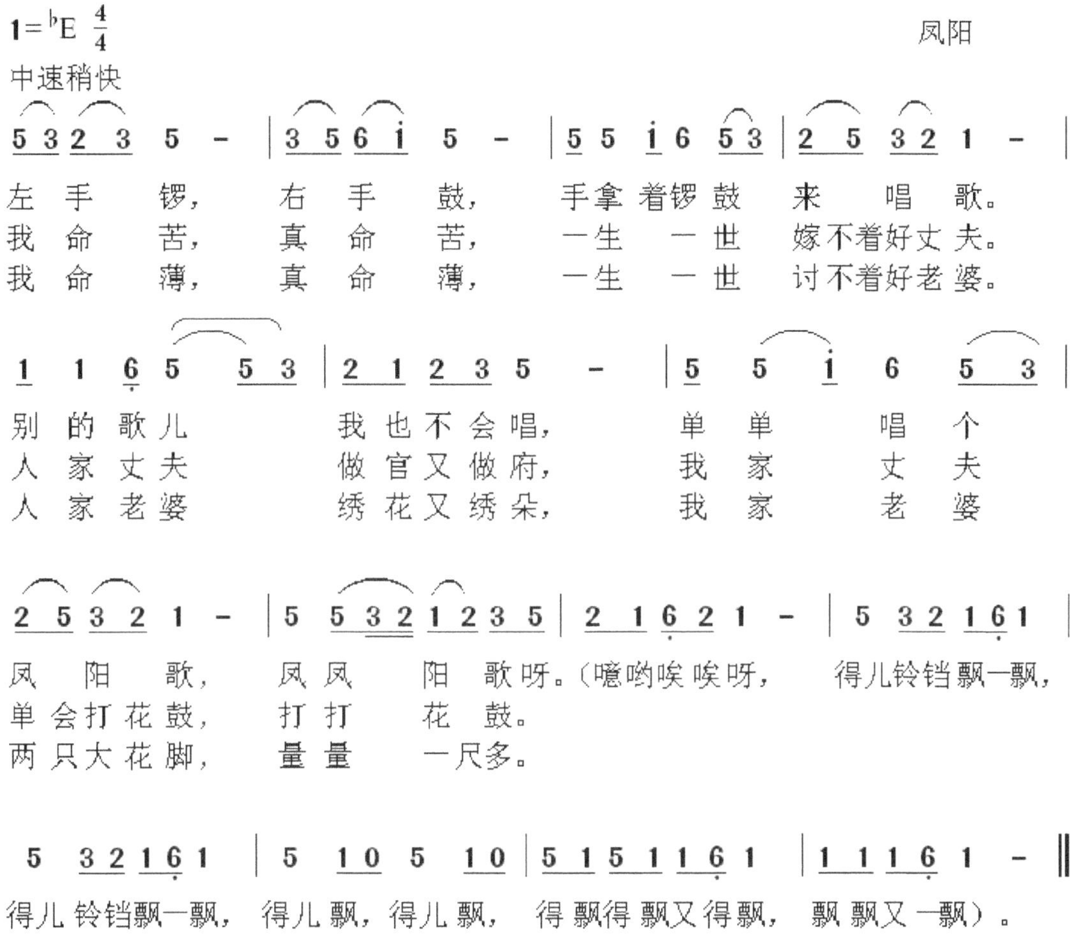
1=♭E 4/4
凤阳
中速稍快
左手锣，右手鼓，手拿着锣鼓来唱歌。
我命苦，真命苦，一生一世嫁不着好丈夫。
我命薄，真命薄，一生一世讨不着好老婆。
别的歌儿我也不会唱，单单唱个
人家丈夫做官又做府，我家丈夫
人家老婆绣花又绣朵，我家老婆
凤阳歌，凤凤阳歌呀。（噫哟咲咲呀，得儿铃铛飘一飘，
单会打花鼓，打打花鼓。
两只大花脚，量量一尺多。
得儿铃铛飘一飘，得儿飘，得儿飘，得飘得飘又得飘，飘飘又一飘）。

王三姐赶集

（双条鼓）

1＝A $\frac{2}{4}$

中速

凤阳

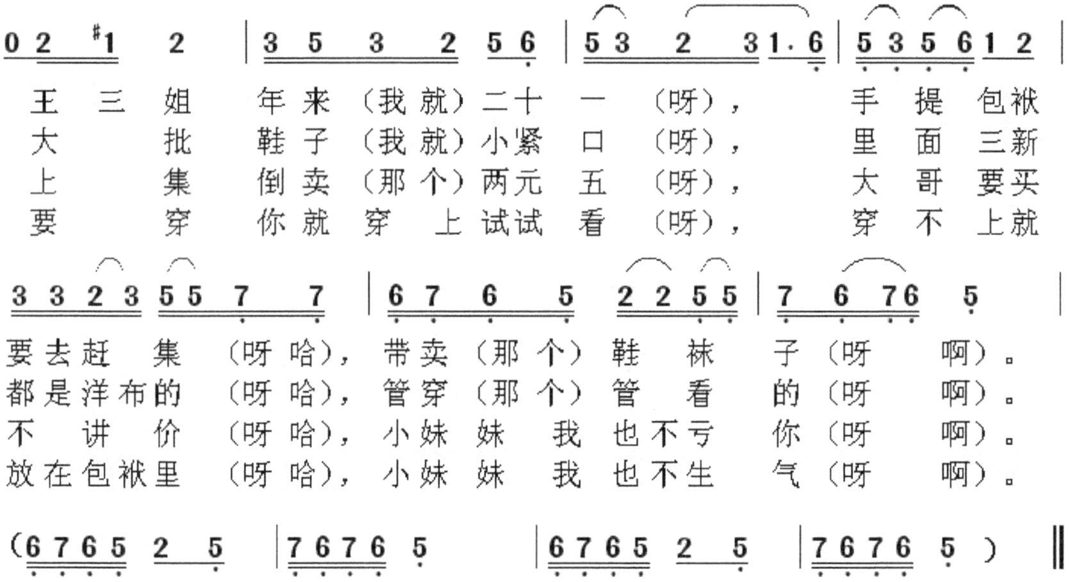

5. 不嫌妹妹（我就）手艺差（呀），扯点布来做一双（呀哈），小妹妹我也来帮忙（呀啊）。
6. 家住山后（那个）庄子西（呀），说个婆家第三区（呀哈），小妹妹我也不同意去（呀啊）。
7. 公婆他是一个老封建（呀），丈夫生产不积极（呀哈），小妹妹我也不同意去（呀啊）。
8. 劳动生产那个带头干（呀），学习文化能努力（呀哈），小妹妹我跟他去（呀啊）。

（问语）1. 大姐，你卖的什么鞋？
大姐，这鞋多少钱一双？
大姐，这鞋可能给我穿上试试啊？
大姐，我穿不上，你可能给我做一双啊？
那就费你心了，唉，大姐你家住哪里啊？
大姐，你还有什么意见吗？
大姐，你愿找个啥样的啊？

溅了俺一身烂泥巴

$1={}^{\flat}B$ $\frac{2}{4}$　　蒙城

中速

对花

商城

1＝F 2/4
(女)俺说一个一呀,(男)对上一个一呀,(女)什么东西开花(女齐)在水里呀,
俺说一个两呀, 对上一个两呀, 什么东西开花 向太阳呀,
俺说一个三呀, 对上一个三呀, 什么东西开花 一头尖呀,
俺说一个四呀, 对上一个四呀, 什么东西开花 一身刺呀,
(男齐)这个花名称瞒不过的我呀,(男)么呀嘣呀(男齐)再嘣(女齐)哎哟
这个花名称瞒不过的我呀, 么呀嘣呀 再嘣 哎哟
这个花名称瞒不过的我呀, 么呀嘣呀 再嘣 哎哟
这个花名称瞒不过的我呀, 么呀嘣呀 再嘣 哎哟
(男女)嘣嘣嘣嘣,荷花的开放肉肉的嘴呀,(男)荷花开放
嘣嘣嘣嘣,葵花的开花肉肉的嘴呀, 葵花开花
嘣嘣嘣嘣,大椒的开花肉肉的嘴呀, 大椒开花
嘣嘣嘣嘣,黄瓜的开花肉肉的嘴呀, 黄瓜开花
在水里,那么一字呀儿哟 (男)哈里哈里门子(男)茉莉茉莉红花,
向太阳,那么一字呀儿哟 哈里哈里门子 茉莉茉莉红花,
一头尖,那么一字呀儿哟 哈里哈里门子 茉莉茉莉红花,
一身刺,那么一字呀儿哟 哈里哈里门子 茉莉茉莉红花,
(女齐)哈里哈里门子(男齐)茉莉茉莉红花。(男)乒乓 咲嗤(女齐)一朵莲花
哈里哈里门子 茉莉茉莉红花。 一朵莲花
哈里哈里门子 茉莉茉莉红花。 一朵莲花
哈里哈里门子 茉莉茉莉红花。 一朵莲花

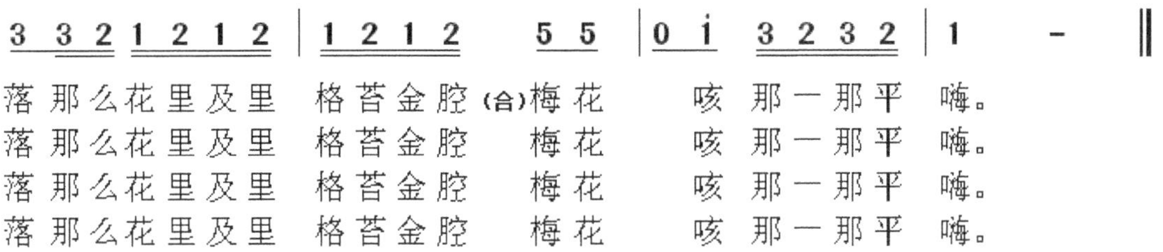

山歌本是古人留

1=G $\frac{2}{4}$ $\frac{3}{4}$

英山

中速

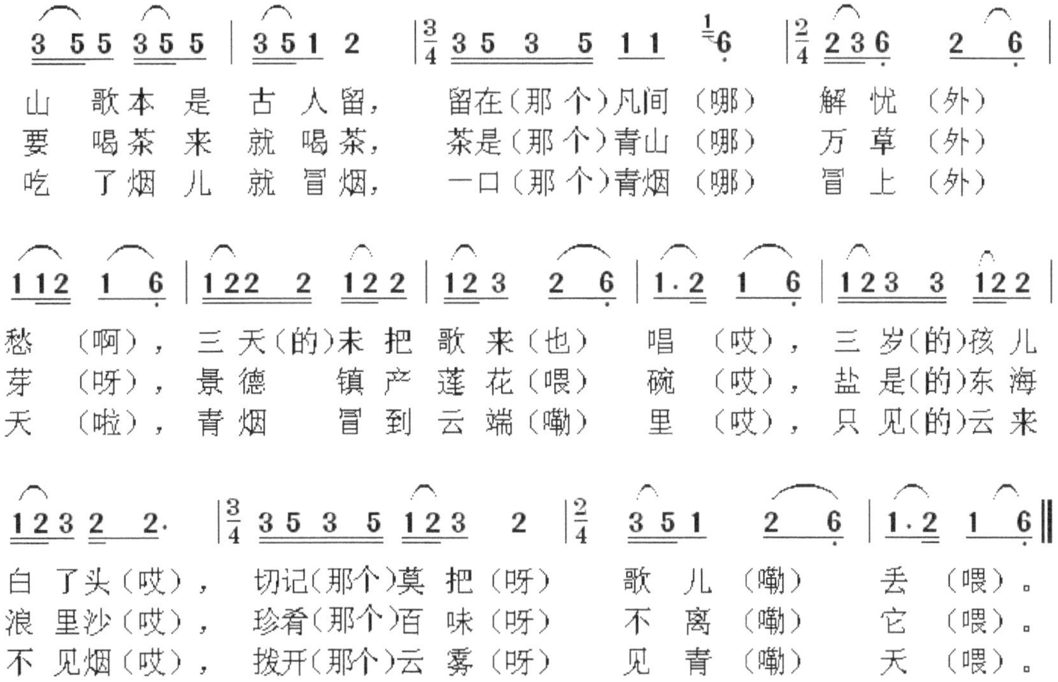

姐妹对花

1=G $\frac{2}{4}$

商城

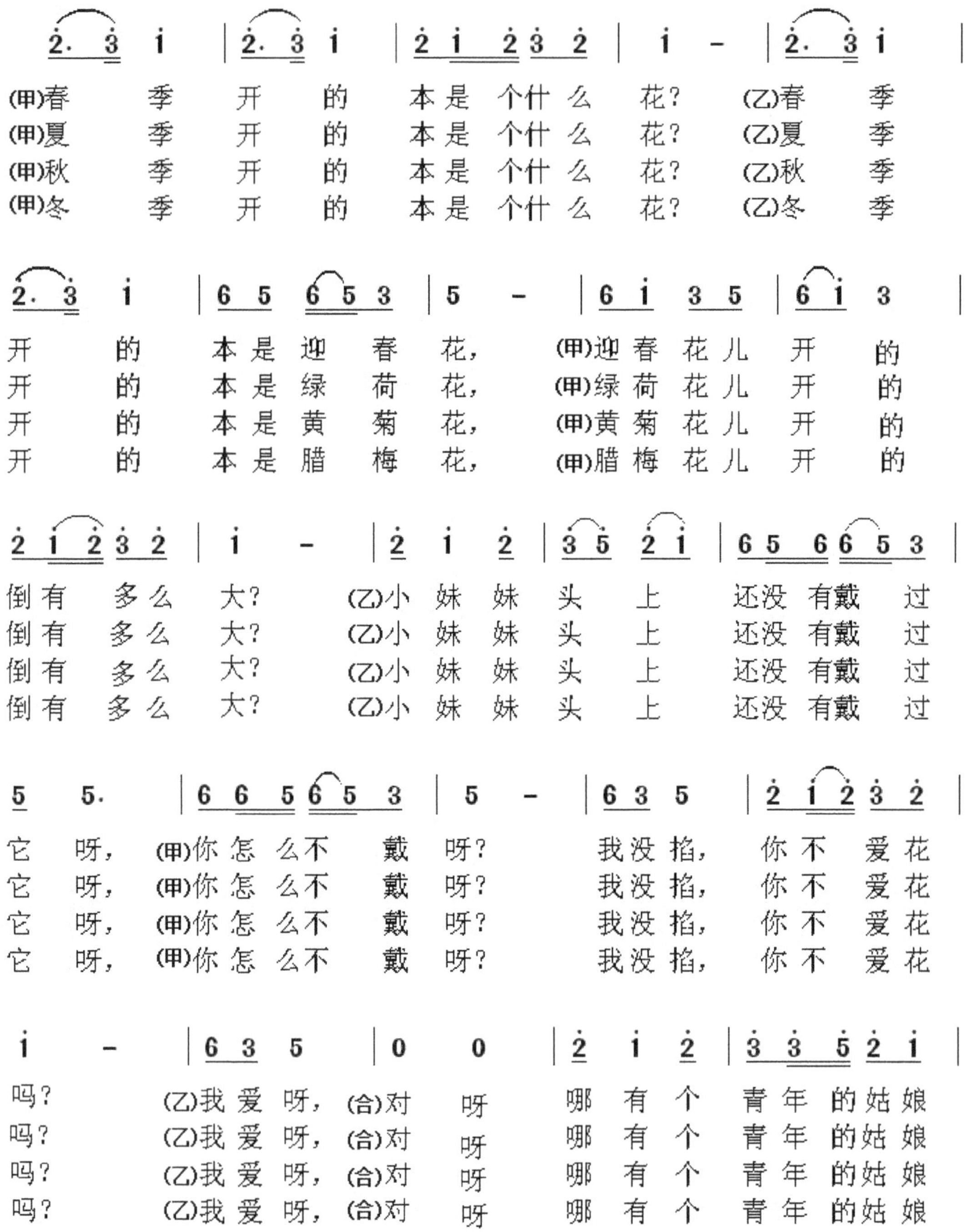

不爱花 呀 （得儿那么一 呀 咳呀）。
不爱花 呀 （得儿那么一 呀 咳呀）。
不爱花 呀 （得儿那么一 呀 咳呀）。
不爱花 呀 （得儿那么一 呀 咳呀）。

高高山上一棵槐

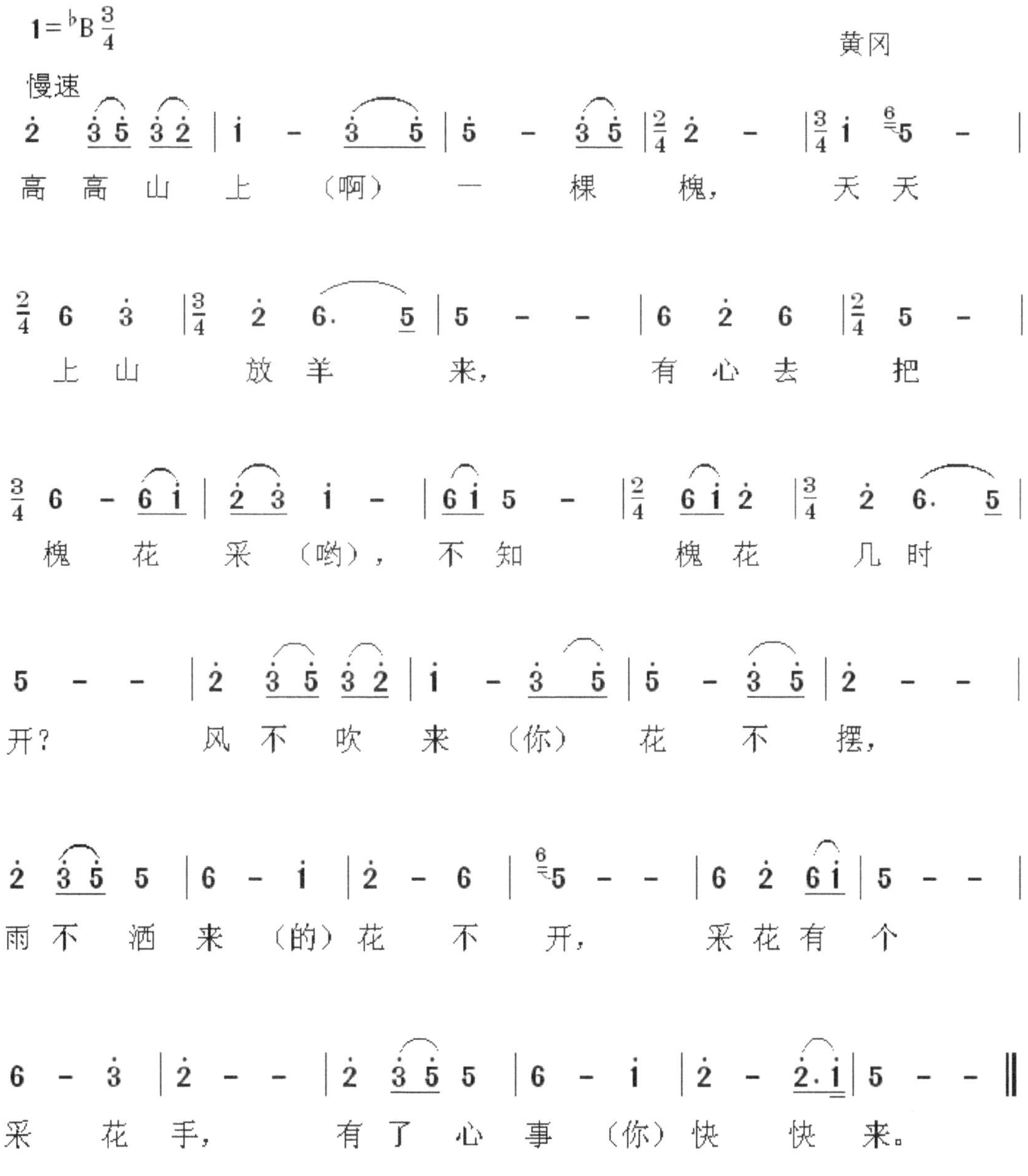
1=♭B 3/4
黄冈
慢速
高高山上（啊）一棵槐，天天
上山放羊来，有心去把
槐花采（哟），不知槐花几时
开？风不吹来（你）花不摆，
雨不洒来（的）花不开，采花有个
采花手，有了心事（你）快快来。

月到十五自团圆

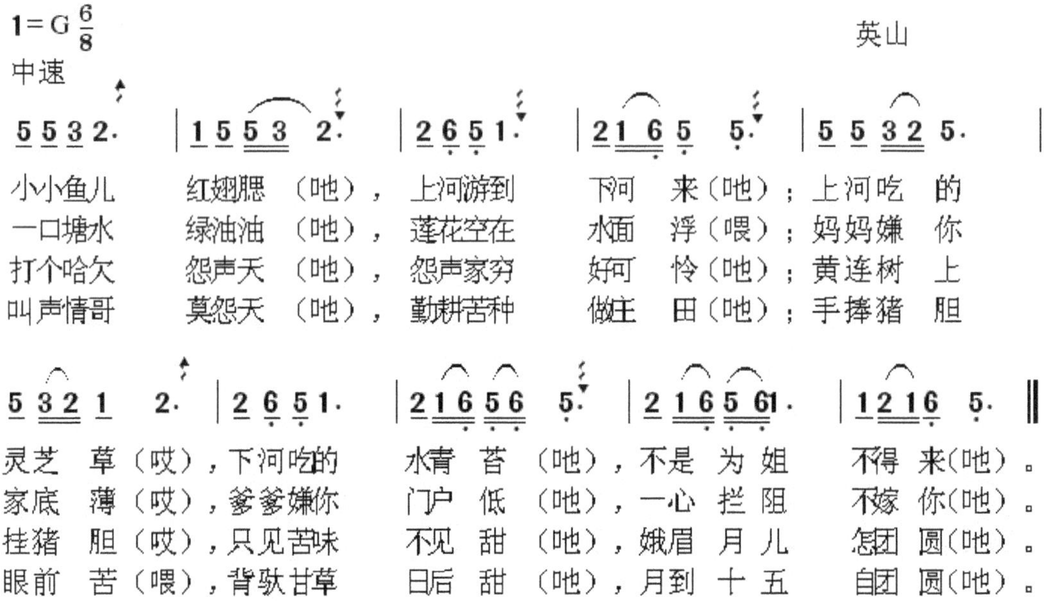

喜做拥军鞋

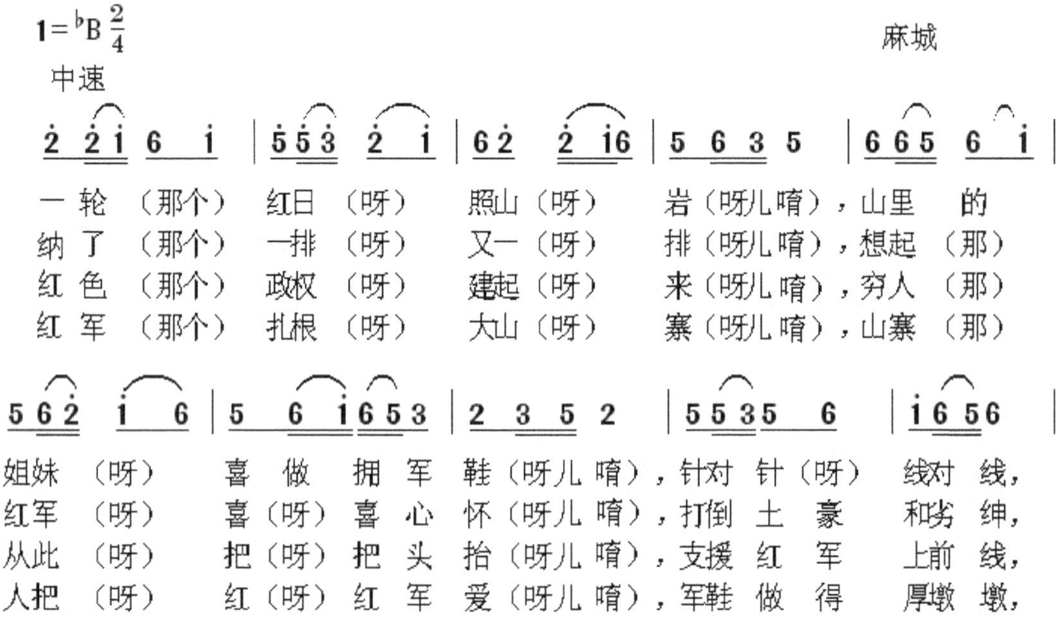

针针　线线　紧　紧　挨，（哎　咳　那个　哎　咳唷　咳）
红色　政权　建　起　来，（哎　咳　那个　哎　咳唷　咳）
狠狠　打击　反　动　派，（打　呀　那个　打　呀打　呀）
亲人　穿上　大　步　迈，（哎　咳　那个　哎　咳唷　咳）
针　针线线　紧　紧　挨（呀），紧紧（那　个）　挨（呀）。
红　色政权　建　起　来（呀），建起（那　个）　来（呀）。
狠　狠打击　反　动　派（呀），打击反　动　派（呀）。
亲　人穿上　大　步　迈（呀），穿上大　步　迈（呀）。